面向新工科普通高等教育系列教材

机器人控制技术与实践

贾永兴　主　编

许凤慧　副主编

杨　宇　王　磊　参　编

机械工业出版社

本书从设计和实现小型机器人需关注的问题出发，详细探讨了机器人主要功能模块的基本原理、工作过程和具体实现案例。全书共7章，其中前5章为机器人设计的基础理论，主要内容包括绪论、机器人的机械结构系统、机器人电路设计、机器人中的传感器、机器人控制系统等。第6、7章分别为轮式巡线机器人的设计与制作和仿人竞速机器人的设计与制作，详细介绍了针对一个具体需求，如何设计和制作机器人。

本书兼顾机器人关键技术的理论及应用实践，适合作为高等院校机器人工程、机械工程及自动化、电气工程及其自动化、智能科学与控制技术等专业的教材，也可供其他相关专业和从事机器人技术工作的工程技术人员参考。

本书配套授课用教学资源，需要的教师可登录机械工业出版社教育服务网（www.cmpedu.com）免费注册、审核通过后下载，或联系编辑索取（微信：15910938545/电话：010-88379739）。

图书在版编目（CIP）数据

机器人控制技术与实践 / 贾永兴主编. —北京：机械工业出版社，2022.11
面向新工科普通高等教育系列教材
ISBN 978-7-111-71934-2

Ⅰ．①机… Ⅱ．①贾… Ⅲ．①机器人控制-高等学校-教材 Ⅳ.①TP24

中国版本图书馆 CIP 数据核字（2022）第 204524 号

机械工业出版社（北京市百万庄大街22号　邮政编码100037）
策划编辑：李馨馨　　　　　　　责任编辑：李馨馨
责任校对：郑　婕　张　征　　　责任印制：刘　媛
涿州市般润文化传播有限公司印刷

2022 年 11 月第 1 版·第 1 次印刷
184mm×260mm·12 印张·295 千字
标准书号：ISBN 978-7-111-71934-2
定价：59.00 元

电话服务　　　　　　　　　　　网络服务
客服电话：010-88361066　　　　机 工 官 网：www.cmpbook.com
　　　　　010-88379833　　　　机 工 官 博：weibo.com/cmp1952
　　　　　010-68326294　　　　金 书 网：www.golden-book.com
封底无防伪标均为盗版　　　　机工教育服务网：www.cmpedu.com

机器人技术是高等院校近年来面向自动化、机械工程等专业开设的课程，该课程的知识点多、覆盖面广，具有较强的理论性和工程实践性。本教材是在总结多年教学改革经验和实践的基础上，综合考虑了机器人设计课程的综合性、专业性特点及技术发展趋势，为适应当前培养创新型人才的要求而编写的。教材从学生实践技能和创新意识的早期培养着手，在帮助学生消化和巩固电路、机械、控制等理论知识的同时，注意引导学生运用所学知识解决工程实际问题，激发学生的创新思维，努力培养学生的工程素养和创新能力。

本书共 7 章。第 1 章是绪论部分，对机器人的概念、组成、分类及关键技术等进行了说明；第 2 章介绍了机器人的机械结构系统，包括机械结构系统的主要参数、机械臂、行走机构等；第 3 章介绍了机器人电路设计，包括电源系统、驱动器系统、常用电路接口、串口通信等；第 4 章介绍了机器人中的传感器，对传感器种类、工作原理和应用模块等进行了介绍；第 5 章介绍了机器人控制系统，包括机器人的 PID 控制、上层控制及相关算法的仿真等；第 6 章和第 7 章分别介绍了轮式巡线机器人和仿人竞速机器人的设计与制作，包括机械设计、硬件设计、软件开发环境及整体调试等。

本教材由浅入深、通俗易懂；各章节的内容既循序渐进又相对独立，方便教师根据学生情况和教学需要选择不同教学内容。内容设计上从局部到整体，先引导学生学习机器人各模块的工作原理，再以轮式巡线机器人和仿人竞速机器人的设计与制作为实例，进一步培养学生的工程意识和综合应用能力。

本书由贾永兴、许凤慧、杨宇、王磊编写。其中贾永兴负责第 1 章和第 4 章的编写，许凤慧负责第 3 章和第 5 章的编写，杨宇负责第 2 章和第 7 章的编写，王磊负责第 6 章的编写，贾永兴对全书进行了统稿。陆军工程大学烽火机器人俱乐部的其他指导老师对本书的编写给予了大力支持，并提出了很多宝贵的意见，在此致以衷心的感谢。

限于编者水平和时间，书中错误和不妥之处在所难免，还请读者批评指正。

编 者
2022 年 8 月

目　录

第 1 章　绪论

机器人是能够自动执行工作的机器装置，它的任务是协助或取代人类的工作。它既可以在人类的控制之下完成任务，又可以按照预先编写好的程序执行作业，也可以结合人工智能技术自主行动。机器人技术是传统结构学与近代电子技术相结合的产物，自 20 世纪 60 年代问世以来，得到了长足的发展，其应用已从工业领域拓展到非工业领域，同时也成为衡量一个国家制造业水平和科技水平的重要标志。

本章从机器人的概念和发展历史、机器人的组成和分类、机器人关键技术、机器人的应用，以及未来机器人技术的发展五个方面对机器人进行介绍。

1.1　机器人的概念和发展历史

1.1.1　机器人的概念

什么是机器人？目前在全世界没有统一定义。国际标准化组织（ISO）的定义是：机器人是一种自动的、位置可控的、具有编程能力的多功能机械手，这种机械手具有几个轴，能够借助可编程序操作来处理各种材料、零件、工具和专用装置，以执行各种任务。美国国家标准局（NBS）的定义是：机器人是一种能够进行编程并在自动控制下执行某些操作和移动作业任务的机械装置。日本工业机器人协会（JIRA）的定义是：工业机器人是一种装备有记忆装置和末端执行器的、能够转动并通过自动完成各种移动来代替人类劳动的通用机器。

根据自动化和智能化程度，机器人可分为自主机器人、半自主机器人或遥控机器人。自主机器人本体自带各种必要的传感器和控制器，在运行过程中无外界人为控制，可以独立完成一定的任务。半自主和遥控机器人则需要人的干预才能完成特定的任务。

根据上面的定义可以按以下特征来描述机器人：

1）动作机构具有类似于人或其他生物体某些器官的功能。

2）具有通用性，工作种类多样，动作程序灵活易变。

3）具有不同程度的智能，如记忆、感知、推理、决策、学习等。

4）具有独立、完整的系统，在工作中可以不依赖于人的干预。

1.1.2　机器人的发展历史

从笼统意义上来说，在古代就已经出现了机器人的雏形。春秋时期，被称为木匠祖师爷的鲁班，利用竹子和木料制造出一个木鸟，它能在空中飞行"三日不下"，这可称得上世界第一个空中机器人。三国时期，诸葛亮成功地创造出"木牛流马"，可以运送军用物资，可看作最早的陆地军用机器人。18 世纪法国技师发明了一只机器鸭，它不仅会叫，而且会游泳和喝水，后来自动书写玩偶、自动演奏玩偶等接连推出。1920 年，捷克剧作家 Karel Capek 的剧本《罗索姆的万能机器人》（*Rossum's Universal Robots*）首次采用了"机器人"（robot）一词。

现代机器人的研究始于 20 世纪中期，其技术背景是计算机和自动化技术的发展。第一台机器人试验样机于 1954 年诞生于美国。20 世纪 60 到 70 年代是机器技术获得巨大发展的阶段，日本、西欧各国、苏联也相继引进或自行研制了工业机器人。20 世纪 80 年代，不同结构、不同控制方法和不同用途的工业机器人在工业发达国家真正进入了实用化的普及阶段，如焊接、喷漆、搬运、装配等。随着机器人感知技术的发展，机器人应用向各个领域拓展，如航天、水下、排险、核工业等。20 世纪 90 年代以来，传感技术和智能技术的快速发展，提高了机器人的适应能力，促进了机器人的智能化进程，扩大了机器人的应用范围，智能型机器人成为研究的热点，并在军用、医疗、服务、娱乐等领域得到广泛应用。

经历了 60 多年的发展，机器人技术逐步形成了一门综合性学科，也就是机器人学（Robotics）。机器人学具有旺盛的生命力和巨大的发展潜力，未来的机器人必将给人类社会带来翻天覆地的变化。

1.2　机器人的组成和分类

1.2.1　机器人的组成

机器人是一个机电一体化的设备。从控制观点来看，机器人系统可以分成四大部分，即执行机构、驱动装置、控制系统和感知系统，如图 1-1 所示。

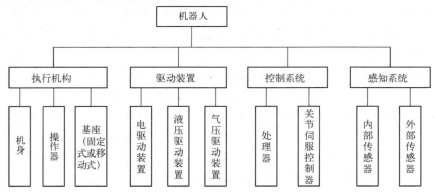

图 1-1　机器人系统结构框图

1. 执行机构

机器人的执行机构由机身、操作器、基座等部分组成，主要用于执行驱动装置发出的指令。其中机器人基座类似于人的下肢，是整个机器人系统的支承部分，需要具有足够的刚度和稳定性。基座可分为固定式和移动式两种类型，移动式又可分为轮式、履带式和人形机器人中的步行式等。

2．驱动装置

机器人的驱动装置是驱使执行机构运动的机构，通常包括驱动源、传动机构等，相当于人的肌肉、经络。它根据控制系统发出的指令信号，借助于动力元件使机器人执行动作。驱动系统一般分为液压、气压、电驱动系统以及将它们组合起来应用的综合系统。

3．控制系统

控制系统通常包括处理器及关节伺服控制器等，类似于人的大脑和小脑。它根据从传感器反馈回来的信号和机器人的作业要求，进行任务及信息处理，例如系统的管理、通信、路径规划等，并发出控制信号，控制机器人完成规定的运动和其他任务。

机器人各部分之间的关系如图 1-2 所示。

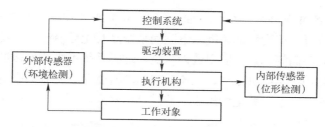

图 1-2　机器人各部分之间的关系

4．感知系统

机器人的感知系统由内部传感器和外部传感器组成，类似于人的感官。其中内部传感器用于检测机器人的内部状态，例如各关节的位置、速度、姿态等，为闭环伺服控制系统提供反馈信息；外部传感器用于检测机器人周围环境的状态，如温度、距离、接触程度等，以便机器人识别外部环境，为后续做出相应的处理提供信息。

除了上面四个部分，机器人的电源系统也是必不可少的。电源系统主要为机器人的各子系统提供电源，常见的供电方式有电池供电、发电机供电和电缆供电等。目前，小型移动机器人的供电主要选择锂电池。

1.2.2　机器人的分类

随着技术和应用的不断发展，机器人的类型越来越多，可以按用途、驱动形式和智能水平等不同方式进行划分。

1．按用途分类

国际上通常将机器人分为工业机器人和服务机器人两大类。我国按照应用环境将机器人分为工业机器人和特种机器人两大类。工业机器人就是面向工业领域的多关节机械手或多自由度机器人，可以完成搬运、装配、喷涂、点焊等工作。特种机器人则是除了工业机器人之外的、用于非制造业并服务于人类的各种先进机器人，包括服务机器人、水下机器人、娱乐机器人、军用机器人、农业机器人等。在特种机器人中，有些分支发展很快，有独立成体系的趋势，如服务机器人、水下机器人等。

2. 按驱动形式分类

按照驱动形式的不同，机器人可分为气压驱动、液压驱动和电驱动三类。

气压驱动系统具有速度快、系统结构简单、维修方便、价格低等特点，适合在中、小负荷的机器人中使用，可以完成大量的点位搬运操作任务，在上、下料和冲压机器人中应用较多，如图1-3所示。用气压伺服实现高精度较困难，不过在能满足精度的场合，气压驱动在所有机器人中是重量最轻的，成本也最低。

液压驱动系统具有动力大、力（或力矩）与惯量比大、定位精度较高、易于实现直接驱动等特点，适合应用于承载能力大、惯量大的机器人中，如图1-4所示。但液压系统需进行能量转换（电能转换成液压能），速度控制多数情况下采用节流调速，效率比电驱动系统低，也不适合低温和高温环境。同时，液压系统的液体泄漏会对环境产生污染，工作噪声也较高。

电驱动是利用各种电动机产生的力或力矩，直接或经过减速机构去驱动机器人的关节，以获得要求的位置、速度和加速度。电驱动系统具有无环境污染、易于控制、运动精度高、成本低、驱动效率高等优点，应用最为广泛。这类系统不需能量转换，使用方便，控制灵活。电驱动可分为步进电动机驱动、直流伺服电动机驱动、交流伺服电动机驱动、直流电动机驱动等。图1-5给出了一种电动机驱动的排爆机器人。

图1-3　气压机械臂　　　　图1-4　液压机械臂　　　图1-5　电动机驱动的排爆机器人

3. 按智能水平分类

按照智能化水平，机器人可以分为程序控制机器人、自适应机器人和智能机器人三代。

第一代机器人是程序控制机器人，它完全按照事先编写好并存储到机器人中的程序所设计的步骤进行工作。机器人能成功地模拟人的运动功能，能有效完成拆卸、安装、搬运、包装和机械加工等工作，在工业生产线上有着广泛应用。目前国际上商品化、实用化的机器人大都属于这一类。这一代机器人的最大缺点就是它只能刻板地完成程序规定的动作，不能适应变化的情况，一旦任务或环境发生了变化，则要重新进行程序设计。

第二代机器人是自适应机器人，其主要标志是自身配备有相应的传感器，对外部环境有一定的感知能力。机器人通过传感器获取作业环境和操作对象的简单信息，然后经过控制系统对获得的信息进行分析和处理，进一步控制机器人的动作。由于它能随着环境的变化而改变自己的行为，故称为自适应机器人。这一代机器人虽然具有一些初级的智能，但还没有达到完全自主的程度。

　　第三代机器人是智能机器人，是指具有类似于人的智能的机器人，它不仅具有感知环境的能力，能从外部环境中获取有关信息，而且具有思维能力，能对感知到的信息进行分析和判断，以控制自己的行为，正确、灵巧地执行思维机构下达的命令。目前研制的机器人大都只具有部分智能，真正的智能机器人还处于研究之中，但现在已经迅速发展为新兴的高技术产业。

1.3　机器人的关键技术

　　机器人是机构学、制造技术、自动控制、计算机、人工智能、微电子学、光学、通信技术、传感技术、仿生学等多种学科和技术的综合成果，所以机器人研究是一个多学科技术交叉和结合的研究领域，它既包括一些基础理论研究，也与技术应用密切相关。

　　机器人基础理论研究包括：

　　1）机器人分析和设计理论，包括运动学和动力学分析、运动规划、机器人优化设计等。

　　2）机器人仿生学，包括仿生运动和动力学、仿生机构学、仿生感知和控制理论、仿生器件设计和制造等。

　　3）机器人系统理论，包括多机器人系统理论、机器人-人融合，以及机器人与其他机器系统的协调和交互。

　　4）微机器人学，包括微机器人的分析、设计、制造和控制等理论方法。

　　机器人应用技术包括机器人制造技术、操作和执行技术、驱动和控制技术、检测和感知技术、机器人智能技术、实验和评价技术、人机交互和融合技术、通信技术、机器人的能源技术、机器人技术规范和标准等。

　　本节主要介绍机器人的信息感知、执行机构和运动控制等内容。

1.3.1　信息感知

　　机器人的行为和动作通常与自身状态、外部环境有着密切的联系。感知是机器人与环境、机器人与人、多机器人之间进行交互的基础。通常机器人感知的方法，就是通过传感器采集信息，再进行分析处理。

　　如图 1-6 所示，机器人的感知系统包括两大部分：内部感知系统（即内部传感器）和外部感知系统（即外部传感器）。内部传感器主要检测机器人自身状态、如关节的运动状态、飞行器的自身姿态等，是机器人自身运动与正常工作的基础。外部传感器主要感知外部环境，检测作业对象与作业环境的状态，例如障碍物的距离、环境温度等，为机器人适应特定的环境并完成任务提供信息支撑。

　　不同类型的传感器依据不同的工作原理感知不同的信息，以满足不同应用的需求。例如，惯性测量单元（Inertial Measurement Unit，IMU）是一种常用的机器人内部传感器，包括三个单轴的加速度计和三个单轴的陀螺，用于测量物体在三维空间中的角速度和加速度，并以此解算出物体的姿态，在导航中有着很重要的应用价值。伺服电动机编码器是一种安装在伺服电动机上的传感器，用来测量磁极位置和伺服电动机转角及转速，实现精确调速和位置控制。红外传感器是一种外部传感器，它利用红外线的物理性质来进行物体检测，由于工作时不与被测物体直接接触，所以具有灵敏度高、反应快等优点，可用于机器人避障。超声波传感器属于距离传感器，它向某一方向发射超声波，当超声波在空气中传播被障碍物阻挡时就会立即反射回来，通过记录时间可计算出发射点与障碍物的距离，从而用于机器人测距。

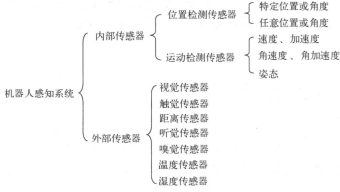

图 1-6　机器人感知系统

对于较复杂的任务和环境，单一传感器获得的信息非常有限，并且易受自身品质和性能的影响，因此，智能机器人通常配有多种不同类型的传感器，以满足探测和数据采集的需要。但是对各传感器采集的信息进行单独、孤立的处理，不仅会导致信息处理工作量的增加，而且割断了各传感器信息间的内在联系，丢失了信息经有机整合后可能蕴含的有关环境特征，造成信息资源的浪费。

目前，多传感器信息融合（Multi-Sensor Information Fusion，MSIF）技术得到了广泛关注，它通过数据层融合、特征融合和决策层融合，将分布在不同位置、处于不同状态的多个传感器所提供的局部的、不完整的观察信息在一定的准则下加以自动分析和综合，消除多传感器信息之间可能存在的冗余和矛盾，利用信息互补，降低不确定性，以形成对系统环境相对完整、一致的感知描述，从而提高智能系统决策、规划的科学性以及反应的快速性和正确性。目前，多传感器信息融合技术已经在自动驾驶等领域得到应用。而且随着技术的发展，多传感器信息融合技术的应用越来越广泛，逐渐成为一门具有智能化、精细化的，对信息、图像等数据进行综合处理和研究的专门技术。

1.3.2　执行机构

机器人执行机构主要是根据机器人的指令完成机器人的运动和作业任务，通常由运动机构和执行结构组成。

1. 运动机构

陆地机器人的移动主要有轮式移动结构、履带移动结构、足式移动结构等，如图 1-7 所示。对于空中旋翼机器人还需使用无刷电动机和螺旋桨，水中机器人需使用推进器等。

如图 1-7a 所示的轮式机器人以驱动轮来带动机器人进行移动，适合较平坦的路面，因具有自重轻、承载大、机构简单、驱动和控制相对方便、行走速度快、工作效率高等特点而被广泛应用。如图 1-7b 所示的履带式机器人具有移动机构与地面接触面积大、接地压强小、附着力大、越障能力强等优点，在侦察、作战领域发挥着重要的作用。如图 1-7c 所示的足式机器人可模仿动物用脚行走，可以适应各种复杂地形，能够跨越障碍，缺点是行进速度较慢，且由于重心原因容易侧翻，所以控制起来相对复杂。

机器人运动可由电动机和舵机驱动。对于需要较高速度运行的机器人通常采用直流电动机来驱动。直流电动机是以电动机电压为控制变量，以位置或速度为命令变量，通常需要反馈控制系统，以间接方式控制电动机转动位置。对于速度要求不高，但精度要求较高的机器人通常可采用舵机来完成运动，舵机转动的角度通过脉宽调制，即利用占空比的变化改变舵机的位置。

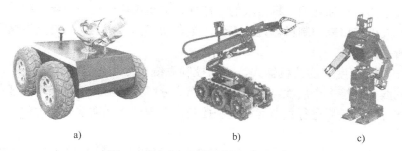

图 1-7　轮式、履带式与足式机器人

a) 轮式机器人　b) 履带式机器人　c) 足式机器人

2. 执行结构

机器人的执行结构主要完成作业任务。合理的执行结构除了对相应的硬件设备有要求之外，还需要高效、稳定、健壮的控制算法，通过动力学分析和路径轨迹规划分别获取其动力学特性与运动轨迹。

多自由度机械臂是一种机器人的常用执行结构。如图 1-8 所示，它具有多个关节，一般由底座、垂直臂、水平臂和抓手等部分组成，能够在特定的空间完成各种复杂动作。这种机械臂具有刚性和串联的特征，其中一个轴的运动会导致另一个轴的坐标原点随之改变，通常称为串联结构。串联结构技术较为成熟，具有结构简单、成本低、控制简单、运动空间大等优点，已成功应用于各种机床、装配车间等领域。

近年来机器人并联形式的执行结构得到广泛关注。并联结构是指具有两个或两个以上自由度，通过至少两个独立的运动链连接的动平台和定平台，以并联方式驱动的闭环机构，如图 1-9 所示。并联结构具有精度高、末端件惯性小等优点，在高速、轻承载能力的场合，与串联结构相比具有明显优势，已成功应用于运动模拟器、定点设备、三维坐标测量仪等方面。机器人结构从串联扩展到并联，但刚性一直保留，相应的机器人分析和设计理论完全建立在刚体运动学及动力学基础上。

图 1-8　串联结构的多自由度机械臂

图 1-9　并联结构机器人

随着仿生技术、新型智能材料技术的发展，刚柔耦合、柔性、软体、变形机器人的研究突飞猛进，不仅结合串联和并联的混联机器人得到广泛应用，对一些特殊应用需求，机器人结构则更进一步发展到软体，以实现任务及环境的高度适应和完全可靠操作。

1.3.3　运动控制

控制系统是机器人的大脑，主要任务是根据机器人的作业指令和传感信号，驱动执行机构去完成规定的运动和功能。机器人的工作方式主要包括半自动和全自动的方式。半自动的机器人需要人机接口来控制机器人的工作，全自动工作的机器人可完全根据环境情况和预置程序完成所需的任务。

对于一个具有高度智能的机器人，它的控制系统实际上包含了任务规划、动作规划、轨迹规划和伺服控制等多个层次，通过把控制指令分解为机器人可以实现的任务，并对各个任务进行动作分解，最后进行关节运动伺服控制，其中涉及运动学、动力学、位姿控制等多方面的内容。

机器人的运动通常需要多个部件的协调工作，所以控制算法的优劣将直接影响机器人的性能好坏。例如双足机器人在行走时，多个关节要配合运动，避免因重心不稳而跌倒，所以必须对机器人的行走步态研究专门的控制算法。由波士顿动力学工程公司专门为美国军队研究设计的 BigDog 机器人，如图 1-10 所示，在该机器人内部安装有一台计算机，其模仿生物学运动原理，可根据环境的变化调整行进姿态，使机器人保持动态稳定。BigDog 机器人能够在复杂的地形下行走和奔跑，可负重 150kg，在崎岖山路行进长达 30km，在交通不便的地区为士兵运送弹药、食物和其他物品，有较大的军事应用价值。

图 1-10　BigDog 机器人

1.4　机器人的应用

随着机器人技术的快速发展，满足不同领域需求的各类机器人不断涌现。本节主要对机器人的一些典型应用做简单介绍。

1.4.1　工业机器人

现代机器人最先应用于工业生产，目前在汽车制造、电子行业和食品工业等领域有着广泛的应用，极大提高了生产率、保证了产品质量，缩短了生产周期，取得了重大的经济和社会效益。虽然目前生产线的机器人仍以机械手臂形态为主，但是可进行复杂交互，其智能化程度以及丰富的工业解决方案与早期生产线上的工业机器人相比已不可同日而语。

1. 搬运机器人

为了提高自动化程度和生产效率，制造企业通常需要快速高效的生产线来贯穿整个产品的生产及包装的过程，搬运装配机器人在生产线中发挥着举足轻重的作用。

用于搬运的串联机器人，主要采用六轴机器人和四轴机器人。六轴机器人一般用于重物搬运，特别是重型夹具、重型零部件的起吊、车身的转动等。四轴机器人的轴数较少，运动轨迹接近于直线，所以具有速度优势，适合于高速包装、码垛等工序。图 1-11 为酷卡公司的 **KR 1000 titan** 重载型机器人，它是目前载入纪录的最强壮的机器人，采用四轴设计，最大承载可达 1000kg，主要应用于玻璃工业、铸造工业、建筑材料工业及汽车工业等领域。

并联机器人适用于高速轻载的工作场合，在物流搬运领域有广泛的应用。作为全球最早实现并联机器人产业化的领军者，ABB 公司研发的 IRB 360-3 并联机器人，如图 1-12 所示，该机器人采用双动平台结构，可负载 3kg，完成标准动作的速率可达 140 次/min，重复定位精度达 0.1mm，可用于肉类和奶制品生产线上的分拣、装箱和装配等搬运作业。

 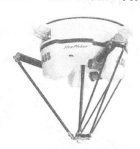

图 1-11　酷卡工业机器人　　　　　图 1-12　ABB 并联机器人

机器人一方面具有人工难以达到的精度和效率，另一方面可承担大重量和高频率的搬运作业，因此，在搬运、码垛、装箱、包装和分拣作业中，使用机器人替代人工是必然趋势。

2．移动式工业机器人

对于大尺度工件的制造，如航空航天产品，传统固定底座的工业机器人无法胜任。首先，大尺度工件由于重量和尺寸大，不易移动；其次，工业机器人相对工件而言尺寸可能偏小，如果单纯地按比例放大，则机器人制造和控制成本将十分高昂，因此，移动式工业机器人是一个很好的解决方案。地轨式机器人是一种常用的移动式工业机器人，如图 1-13a 所示。但是轨道结构有时会占用较大的工作空间，增加了厂房投入和维护成本，因此在轮式或履带式移动平台上安装工业机器人，也是一种可行的解决方法，如图 1-13b 所示，它使得工业机器人可以围绕零件移动并进行加工，能更广泛地适用于大尺度产品的加工。

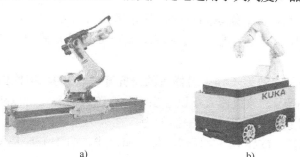

a)　　　　　　　　　　b)

图 1-13　移动式工业机器人

a) 地轨式机器人　b) 在轮式或履带式移动平台上安装工业机器人

1.4.2 服务机器人

国际机器人联合会定义服务机器人是一种半自主或全自主工作的机器人，它能完成有益于人类的服务工作，但不包括从事生产的设备。在国务院印发的《国家中长期科学和技术发展规划纲要（2006—2022年）》中对智能服务机器人给予了明确的定义："智能服务机器人是在非结构环境下为人类提供必要服务的多种高技术集成的智能化装备"。

1. 家庭服务机器人

家庭服务机器人也称为家用服务机器人，是指能够代替人完成一些家庭杂务的机器人，包括机器人管家、保姆机器人、清洁机器人、安防机器人、草坪修剪机器人、空气净化机器人等，如图1-14所示。

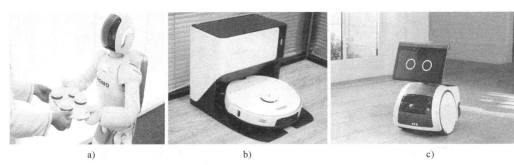

a)　　　　　　　　　b)　　　　　　　　　c)

图1-14　家庭服务机器人

a) 保姆机器人　b) 清洁机器人　c) 安防机器人

近年来，家用服务机器人在一些发达国家得到快速发展和应用。在日本，推动家用机器人产业已成为日本政府的既定国策。日本经济产业省为10～30年后的科技发展做了规划，并制定了"技术战略蓝图"。根据这个预想，家庭生活中将出现的最大变化就是机器人的普及。机器人将成为家中的"保姆"，完成照顾孩子学习玩乐，提醒病人按时吃药，以及家中的洗衣、吸尘等家务工作。在美国和欧洲，家庭服务机器人的研究人员致力于改进机器人的智能，赋予它们学习的能力，以更好地适应家庭需求。我国在家庭服务机器人领域的研发起步较晚，虽然我国在20世纪90年代中后期就已经开始了服务机器人相关技术的研究，但是我国服务机器人市场从2005年前后才开始初具规模。

2. 娱乐服务机器人

娱乐机器人以供人观赏、娱乐为目的，具有机器人的外部特征，可以像人或某种动物一样，完成行走等动作，有语言能力，会唱歌，有一定的感知能力，如足球机器人、玩具机器人、舞蹈机器人等。

索尼公司多年来一直致力于娱乐机器人的研究开发。2004年推出了仿人形娱乐机器人QRIO，如图1-15a所示。该机器人不仅会步行、奔跑，而且还可以跳跃，这一系列动作能做得非常流畅。同时它还具有很强的平衡能力，在外力推动的时候，会边后退边寻找平衡点，同时将外力化解掉。QRIO还会抓球、传球和投球。图1-15b是索尼的另外一款仿狗的娱乐机器人Aibo ERS-7，它包含多种传感器，其中图像传感器可辨别出骨头的颜色和形状，距离传感器可感知物体的距离，加速度传感器可感知身体的倾斜。目前在娱乐机器人方面，日本和韩国占有一定的优势，产业化也比较好。

我国在娱乐机器人行业也进行了相应的研究，已经成功研制出了舞蹈机器人、唱歌机器人、足球机器人等。

a)

b)

图 1-15　娱乐机器人

a) QRIO　b) Aibo ERS-7

3. 医疗机器人

医疗机器人包括手术机器人、康复机器人等，现在也得到了广泛的研究和应用。

手术机器人可协助医生做手术，有助于医生更精准地完成手术，并能减少伤口面积，实现微创的目的。图 1-16 所示的是 2001 年 Intuitive Surgical 公司制造的达芬奇（DaVinci）手术机器人，它拥有三维高清晰视觉系统和精细操作的机械腕装置，其弯曲和旋转的程度远远超出人手，因此，通过灵巧操控、精准定位和术前规划，可极大减少手术创口、加速术后恢复，精准地实现微创外科手术。图 1-17 是我国自主研发的第三代骨科手术机器人"天玑"，它由机械臂主机、光学跟踪系统、主控台车构成，是世界上唯一一个能够开展四肢、骨盆骨折以及脊柱全节段（颈椎、胸椎、腰椎、骶椎）手术的骨科机器人系统，精度可以达到 0.8mm。它的出现标志着我国骨科手术迈入智能化、精准化、微创化时代。

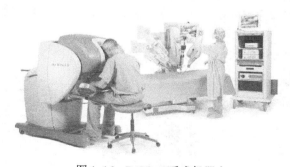

图 1-16　DaVinci 手术机器人

图 1-17　"天玑"骨科手术机器人

功能康复机器人可以帮助具有肢体运动功能障碍的患者对患病部位进行长时间、多次、准确的锻炼，加快患者康复，提高残障人士的生活质量，它贯穿了康复医学、生物力学、机械学、机械力学、电子学、材料学、计算机科学以及机器人学等诸多领域，已经成为国际机器人领域的一个研究热点。目前康复机器人的研究主要集中在康复机械手、智能轮椅和康复治疗机器人等方向。如图 1-18 所示的康复机械手就可以通过机器人手臂完成残疾人的手臂功能。如图 1-19 所示的康复轮椅由视觉、运动、传感、导航及系统控制、模式识别及人机交互等子系统组成，将智能机器人技术应用于电动轮椅上，对于脊椎受损、双臂瘫痪等情况，可以辅助病人完成喝水、服药、吃饭等动作。图 1-20 所示的康复治疗机器人可以用于恢复患者肢体运动系统功能。美国麻省理工学院研制了一种帮助中风患者康复治疗的机器人，在治疗过程中，把病人中风的手臂固定在一个特制的手臂支撑套中，病人的手臂按计算机屏幕上规划好的特定轨迹运动，屏幕上显示出虚拟的机器人操作杆的运动轨迹，病人通过调整手臂的运动可以使两条曲线尽量重合，从而达到康复治疗的目的。康复机器人技术在发达国家已有较成熟的发展并形成了产业，正朝着以人为本的方向发展，强调人机互动和舒适安全性。

  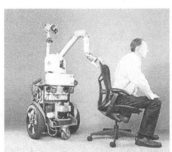

图 1-18　康复机械手　　　　图 1-19　康复轮椅　　　　图 1-20　康复治疗机器人

4．助老机器人

随着老龄化社会的不断加剧，助老机器人的市场潜力巨大，特别是人工智能在老年人情感陪护等方面有很大的发展空间，逗老人开心、给老人解闷是助老机器人发展的一个方向。图 1-21 是一种情感陪护机器人。同时助老机器人也可通过一些便携式检测装置将老年人的一些重要生理参数，比如脉搏、体温、血氧等进行分析，如果发现参数超标，通过无线连接社区网络，把数据传送给社区医疗中心，紧急情况下可以及时报警或通知亲人，争取宝贵的治疗时间。图 1-22 是北京航空航天大学研制的床椅一体化机器人，可满足卧床老人按摩防疮、生理监测、进餐吃药、情感陪护和开门取物等护理需求，提高了老年人的生活质量，已成功在敬老院试用。

 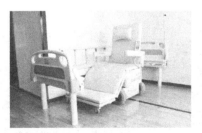

图 1-21　情感陪护机器人　　　　　　　　图 1-22　床椅一体化机器人

1.4.3　水下机器人

随着智能控制和传感器技术的发展，用机器人来替代人完成水下作业，得到国内外的广泛重视。水下机器人又称水下无人航行器（Unmanned Underwater Vehicles，UUV），是一种可以在水下代替人完成某种任务的装置。在未知的水下环境，由于机器人的承受能力大大超过人，并且能完成许多人类无法完成的工作，所以水下机器人所扮演的角色越来越重要。作为一个可以工作在复杂水下环境的移动平台，水下机器人可以辅助人类完成海洋探测、水下信息获取、水下救援等工作，也可以用于长时间在水下侦察敌方潜艇、舰艇和实施精确打击等活动，所以在民用和军用领域都有广泛的应用前景。

水下机器人工作方式可分为有缆遥控式和无缆自主式。有缆遥控式机器人（Remotely Operated Vehicle，ROV）后面拖带电缆，由操作人员控制其航行和作业，拖带电缆的机器人依靠母船提供的能源进行航行和作业，并采集周围环境信息、目标信息和自身状态信息给母船，以便母船控制。无缆自主式机器人（Autonomous Underwater Vehicle，AUV）是一种自带能源、自推进、自主控制的机器人，它与母船之间不需要电缆连接，但也可以把各类信息传送给母船，母船也可以对它进行有限监督和控制。由于自主式水下机器人可以在没有人工实时控制的情况下自主决策，是代替人类在复杂水下完成各种任务的有力工具，在民用领域与军事领域受到越来越多科学家和技术人员的重视。

由于对海洋考察和开发的需要，水下机器人的相关技术发展很快。图 1-23 是美军在 2014 年搜寻客机残骸时出动的"蓝鳍金枪鱼"自主式水下航行器，其身长近 4.9m，直径为 0.5m，重 750kg，最大下潜深度为 4500m，最长水下行动时间为 25h。"蓝鳍金枪鱼"通过声呐脉冲扫描海底，利用反射的声波阴影判断物体高度并形成图像，可以以 7.5cm 的分辨率搜寻水下物体。图 1-24 所示的"探索者"号水下机器人是我国自行研制的第一台无缆水下机器人，它的工作深度达到 1000m，脱离了与母船间的连接电缆，实现了从有缆向无缆的飞跃。2016 年自主遥控混合式水下机器人"海斗"号在我国首次万米深渊科考航次中成功应用。该机器人的最大下潜深度为 10767m，体现了我国在水下机器人研究领域取得的巨大成功。2019 年，我国自主水下机器人"潜龙三号"在大西洋应用成功，标志着我国深海勘探型水下机器人步入实用化、常态化阶段。

图 1-23 "蓝鳍金枪鱼"自主式水下航行器

图 1-24 "探索者"号水下机器人

1.4.4 无人机

无人机也称为无人飞行器（Unmanned Aerial Vehicle, UAV），是指无人驾驶且具有一定智能控制的，可利用无线电遥控设备和自身的程序控制装置操纵的飞行器。

按用途分类，无人机可分为军用无人机和民用无人机。军用无人机可分为侦察无人机、诱饵无人机、电子对抗无人机、通信中继无人机、无人战斗机以及靶机等；民用无人机可分为巡查/监视无人机、农用无人机、气象无人机、勘探无人机以及测绘无人机等。由于无人驾驶飞机对未来空战有着重要的意义，世界各主要军事国家都在加紧进行无人机的研制工作。

　　按飞行平台构型分类，无人机可分为固定翼无人机、旋翼无人机、无人飞艇、伞翼无人机、扑翼无人机等，如图1-25所示。

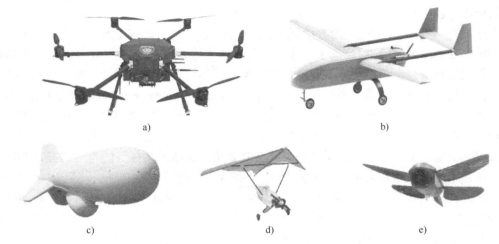

图 1-25　各种类型的无人机

a) 旋翼无人机　b) 固定翼无人机　c) 无人飞艇　d) 伞翼无人机　e) 扑翼无人机

　　（1）旋翼无人机

　　旋翼无人机依靠多个旋翼产生的升力来平衡飞行器的重力，让飞行器可以飞起来，通过改变每个旋翼的转速来控制飞行器的平稳和姿态。所以多旋翼飞行器可以悬停，也可以在一定速度范围内飞行。它可以看作一个空中飞行的平台，在平台上可以加装传感器、相机，甚至机械手之类的装置。现有的很多小型航拍无人机，就采用了旋翼无人机，通过搭载高清摄像机，在无线遥控的情况下，可以从空中进行拍摄。

　　（2）固定翼无人机

　　固定翼无人机是靠螺旋桨或者涡轮发动机产生的推力作为飞机向前飞行的动力，升力主要来自机翼与空气的相对运动。固定翼飞行器具有飞行速度快、运载能力大的特点。在有大航程和高度的需求时，一般选择固定翼无人机，比如电力巡线、公路的监控等。

　　（3）无人飞艇

　　飞艇是一种轻于空气的航空器，由巨大的流线型艇体、位于艇体下面的吊舱、起稳定控制作用的尾面和推进装置组成。飞艇相对于飞机来说最大的优势就是它具有较长的滞空时间，这可使其上搭载的侦察仪器精确高效地探测目标。飞艇可以悄无声息地在空中飞行，其雷达反射面积也要比现代飞机小许多，在军事上有着重要应用价值。在民用中，大型飞艇还可以用于交通、运输、娱乐、赈灾、影视拍摄、科学实验等。例如，发生自然灾害导致通信中断时，可以发射一个飞艇，通过搭载通信转发器，能够在非常短的时间内实现对整个灾区移动通信的恢复。但是飞艇存在造价高昂和速度较低的缺点。

　　（4）伞翼无人机

　　伞翼无人机也叫柔翼无人机，是以翼伞为升力面的航空器。通常翼伞位于全机的上方，用纤维织物制成的伞布形成柔性翼面。它以冲压翼伞的柔性翼面为机翼提供升力，以螺旋桨发动机提供前进动力，具备遥控飞行和自动飞行能力。它具有有效载荷大、体积小、安全可靠、成本低廉等特点，可用于运输、通信、侦察、勘探和科学考察等任务。

（5）扑翼无人机

扑翼无人机是指像鸟一样通过机翼主动运动产生升力和前行力的航空器。扑翼无人机在侦察上有很多优点。首先是飞行形态和鸟类相似，中远距离侦查时迷惑性较强；其次是飞行中产生的声音较小，隐蔽性较强，尤其在夜间侦察，更加难以发现；同时飞行控制能力更有优势，速度比旋翼无人机更快，在同等驱动技术下，能耗要小于螺旋桨无人机，续航更长，所以更适合各种条件下的侦察任务执行。

1.4.5　空间机器人

空间机器人是用于代替人类在太空中进行科学试验、出舱操作、空间探测等活动的特种机器人。2012 年，美国航空航天局在其绘制的技术路线图中将空间机器人分为遥控操作机器人、自主机器人两种，并被列为重要技术发展方向之一。目前，空间机器人的主要任务包括两方面：一是在月球、火星及其他星球等非人居住环境下完成先驱勘探；二是在宇宙空间代替宇航员做卫星的修理和能量补给、空间站上的服务及空间环境的应用试验。

由于空间环境和地面环境差别很大，空间机器人需要工作在微重力、高真空、超低温、强辐射和照明差的环境中，因此，空间机器人与地面机器人的要求有明显不同。首先，空间机器人要求重量轻，消耗的能量尽可能小，工作寿命尽可能长，抗干扰能力比较强；其次，由于工作在太空这一特殊的环境之下，对空间机器人的可靠性要求比较高，功能比较全；此外，空间机器人是在一个不断变化的三维环境中运动并自主导航，必须能实时确定它在空间的位置及状态，完成运动预测及路径规划，所以要求智能化程度比较高。

近年来，在空间站建设、在轨维护、空间碎片清除、星球探测、空间太阳能电站等需求牵引下，我国空间机器人及空间人工智能发展迅速，并在空间在轨服务、空间装配与制造、月球与深空探测等领域取得了一系列成果。图 1-26 是我国自主研究的"玉兔号"月球车巡视器， 2013 年 12 月 15 日"玉兔号"顺利驶抵月球表面，完成了围绕"嫦娥三号"着陆器旋转拍照，并成功传回照片，实现了"玉兔号"月球车对月球表面的探测任务，这标志着我国探月工程取得了阶段性的重大成果。2021 年 5 月我国"天问一号"火星探测器软着陆火星表面，图 1-27 所示的 "祝融号"火星车驶离着陆平台，开展巡视探测等工作，实现了我国在深空探测领域的技术跨越。

图 1-26 "玉兔号"月球车巡视器

图 1-27 "祝融号"火星车

1.5 机器人技术的发展

近年来，机器人应用领域的不断拓展和智能化要求的不断提高，促进了机器人理论与技术的迅速发展，本节介绍部分机器人前沿技术。

1.5.1 软体机器人

软体机器人与常见的刚硬材质机器人不同，是一类由软体驱动材料构成的新型仿生连续体机器人。它具有结构柔软度高、环境适应性好、亲和性强、功能多样，以及可以大幅度改变身体形状等特点，远比传统的刚体同类更加灵活，能够进入传统机器人无法抵达的狭小空间展开工作，所以在非结构化环境中有着广阔的应用前景，如地震灾区救援或者战场侦察等。此外，软体机器人也可用于直接和人体接触的应用场景，如辅助人体关节进行康复训练、能够根据自身情况改变形状的可穿戴设备等。

软体机器人的研究源于生物体柔软的皮肤和组织，所以大多数软体机器人的设计是模仿自然界各种生物，如蚯蚓、章鱼、水母等，期望用柔软灵活的零件制作机器人，实现更复杂的形变及运动，实现与坚硬零件机器人不同的功能，甚至能被重新编程来适应环境变化。

软体机器人通常采用硅胶、形状记忆合金等新材料制造。形状记忆合金是一种具有形状记忆效应的智能材料，它可以感受外界温度的变化，将热能转化为机械能，驱动机器人的运动。当形状记忆合金受热时，其温度会升高，达到相变所需的温度时，就会恢复初始形状。

软体机器人的关键技术是软体驱动器。软体机器人从驱动方式上主要可以分为气动或液压驱动、化学反应驱动、智能材料驱动、生物混合驱动、磁场驱动等。图 1-28 是一种气动四足软体机器人，具有重量轻、易获得、无污染的特点，可以根据腔室内的空气量移动。

由于软体机器人的运动不局限于平面运动，柔软的材料有弹性，可以弯曲、扭转、拉伸、压缩等，所以可以把软体机器人看作具有无限的自由度，这使得软体机器人的

图 1-28 气动四足软体机器人

控制难度很大。同时软体机器人变形具有强非线性，其运动学与动力学建模与传统的刚性机器人不同，难以建立精确的数学模型。而为了测量机器人的局部压力和应变等信息，还需要传感器材料具有良好的变形能力。所以软体机器人的驱动、传感与控制集成是软体机器人发展的重要趋势。

1.5.2 感知与交互

为了准确、全面地感知环境信息和机器人自身状态，多传感器信息融合依然是研究热点。同时机器人与脑神经科学、生物技术、认知科学、大数据技术等深度交叉融合，逐步成为机器人技术研究的新领域。

1. 生肌电控制技术

肌电信号（Electromyography，EMG）作为人体的生物特征信号，是肌纤维中运动单元动作电位在时间和空间上的叠加，它贯穿于肌肉的收缩动作，能在一定程度上反映神经肌肉的活动。生肌电控制技术是通过在皮肤上贴电极贴片，采集、处理和识别人体的表面肌电信号来控制机器人完成特定的动作，如图 1-29 所示。

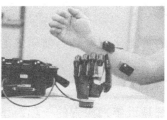

图 1-29　用表面肌电信号来控制机械臂

生肌电控制技术在远程控制、医疗康复等领域有着较为广阔的应用。在远程控制方面，为增强人机遥控操作的交互性，通过利用操作者手臂信息来远程控制机器人，可提高机械臂轨迹跟踪准确率和控制力的大小。在医疗康复方面，为残疾患者安装机械手以代替失去的手，可通过提取手臂上微弱的表面肌电信号特征来识别运动意图，实现对假肢的控制，帮助患者恢复正常生活。

由于肌电信号是一种微弱生理信号，易受皮肤毛发和汗液等影响，信号鲁棒性差，信号的采集、分析和处理的效果直接影响运动意图识别的准确性。同时如何对所得出的结果进行合理的生理解释还需进一步探索。

2. 脑机接口技术

脑机接口（Brain Machine Interface，BMI）技术指通过对神经系统电活动和特征信号的收集、识别及转化，使人脑发出的指令能够直接传递给指定的机器终端，也就是用意识控制机器人。此技术使脑与机器人间的接口更加直接，实现脑信号直接控制机器人，以提高控制机器人的正确性、安全性和可靠性等，成为机器人控制的新途径。

脑机接口的主要方式有植入型和非植入型两种。植入型脑肌接口方式是通过在脑内植入电子器件实现神经刺激，刺激效果明显，但容易造成伤害。非植入型脑机接口方式是利用传感器检测人体头皮的脑电信号，实现大脑和外部世界的简单交流。图 1-30 是瑞士洛桑联邦理工学院所研制的新型脑机接口，可以利用来自大脑的电信号调整机器人的动作，实现"意念"控制，使四肢瘫痪患者能够自己进行更多的日常活动。

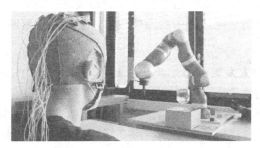

图 1-30　利用脑机接口控制机械臂

由于脑电信号具有信噪比低、非线性和非平稳性的特点，同时脑电信号和各类感官刺激之间关系复杂，目前缺乏对脑电信号中信息编码潜在神经机制的了解，因此存在着信号解码准确率低、个体差异性大和在线性能差等问题，所以脑机接口技术从实验室走向军事和商业应用，还面临着较大的挑战，需要在综合神经科学的基础上，不断研究和改进脑电信号解码算法，以实现对脑电信号的高效、准确处理。

1.5.3 智能技术

提升机器人的智能化程度是当前研究的热点问题，研究人员不断提出新型智能技术的概念和应用研究。

1. 多机器人系统

多机器人系统是近年来探索的一项新型智能技术。就机器人的技术发展现状而言，单机器人在信息获取、处理和控制能力方面都有限，对于复杂的工作任务及多变的工作环境，单机器人能力更显不足。

相对于单机器人而言，多机器人系统拥有时间、空间、信息、功能、资源上的分布特性，多个机器人主体具有共同的目标，完成相互关联的动作或作业，具有较好的应用前景。例如在工业领域，对于复杂作业需求，工业机器人的群体协调作业成为解决问题的关键和发展的趋势；而在军事领域，多机器人的协同工作可以集群作战，提高侦察效率、提升打击能力。图 1-31 为多机器人协作完成汽车的装配，图 1-32 为无人机集群进行侦察任务。

图 1-31　多机器人协作完成汽车装配　　　　　图 1-32　无人机集群侦察

图 1-33 是多机器人协作系统架构。目前多机器人系统得到了广泛的研究并得到了初步的应用，但是在任务分配、路径规划和群体控制等方面还存在许多需要解决的问题。例如，多移动机器人系统可将复杂任务分解为若干个易于处理的子任务，分解后的子任务可由各个机器人承担并完成，但是面对某个机器人突发故障，或无法完成既定任务，如何撤销并及时调整任务，实现任务的再分配；如何对多机器人的路径进行规划，是多目标、多约束的组合优化问题；如何更好地平衡分配过程中的通信成本，解决通信延时与约束等。

2. 深度学习

人工智能是智能机器人发展的必然趋势，其中深度学习（Deep Learning，DL）在人工智能中占据了举足轻重的位置。

深度学习是一种快速训练深度神经网络的算法，具有很强的特征学习能力，它采用逐层训练的方法缓解了传统神经网络算法在训练多层神经网络时出现的局部最优问题。基于深度学习的自主判断、推理和规划的研究是智能机器人的热门研究方向，也是目前在视觉、语音、医疗诊断和其他领域中应用表现最好的机器学习算法，为智能机器人的发展提供了一个契机。例如传统的机器人不具备从经验中学习的能力，完成新任务需要编写新程序，此特点限制了机器人在执行任务中的应用。而深度学习将机器人变成学习机器，机器人能从数据和经验中学习，并能执行新任务。

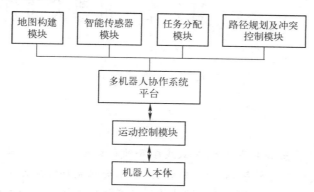

图 1-33　多机器人协作系统架构

随着大数据支撑和计算能力提升，各种深度学习算法不断涌现和优化，提升了机器人推理、规划和想象能力。但是深度学习要广泛应用还有许多问题需要解决，包括：

1）深度学习需要获取大量标注数据和较长的训练时间，时间和成本代价较高。

2）现有技术未实现实时训练深层网络，需通过离线训练后才能进行智能辨识，很难进行动态调整。

3）深度学习的局部泛化能力与人类的极限泛化存在较大差距，抽象和演绎推理能力还不足以解决复杂环境中的任务。

4）通过堆叠更多层并使用更多训练数据来扩展当前的深度学习技术，只能在表面上缓解一些问题，不能解决深度学习模型在可表征内容种类非常有限的基本问题。

未来这一系列问题的解决，将使机器人的智能自主提升到一个更高层次。

习题

1．简述一下机器人的主要组成部分和各部分的主要功能。

2．机器人的关键技术包括哪些？具体研究内容是什么？

3．按智能化水平划分，机器人可以分为哪几个阶段？每个阶段各有什么特点？

4．机器人上的传感器有哪些？内部传感器和外部传感器各有什么作用？

5．旋翼无人机和固定翼无人机各有什么特点？

6．简述使用多传感器数据融合的优点和面临的困难。

7．简述机器人技术的未来发展。

第 2 章　机器人的机械结构系统

机器人机械结构系统是机器人的支承基础和执行机构，具备完善、合理的结构是保证机器人能够精准、高效工作的基础。机械结构的缺陷会限制功能的发挥，即使程序再完美也无法达到期望的效果，因此机器人的机械结构设计直接决定机器人的工作性能。

本章主要介绍机器人的机械结构系统，包括机械结统构系统的主要参数、机器人手臂、机器人的行走机构，最后通过机械设计软件 SolidWorks 设计完成一个机械结构实例的模型图和工程图，并讲述 3D 打印的制作过程，可进一步将设计模型制作成实体。

2.1　机械结构系统的主要参数

机器人机械结构系统的主要参数是机器人结构系统设计与制造的技术依据，机器人的功能与应用场景不同直接决定着其技术参数也不一样。在机器人结构设计与器件选择时，一般需考虑的技术参数主要包括：自由度、工作范围、工作速度、工作载荷、控制方式、驱动方式、定位精度、重复定位精度等。

1. 自由度

机器人的自由度是指确定机器人关节在空间的位置和姿态时所需要的独立运动坐标轴的数目，通常机器人的自由度数等于关节数目。机器人常用的自由度数一般不超过 6 个，如图 2-1 所示。任何空间刚体若有 6 个自由度，即可以任意运动。机器人利用末端执行器工作，若其具有 6 个自由度（3 个位置、3 个姿态自由度），即可保证其灵活运动。一般而言自由度越多，机器人越灵巧，但是控制起来越复杂。

2. 工作范围

工作范围是指机器人执行器（如手臂末端或手腕中心）所能到达的所有空间区域的集合，也称为工作区域，如图 2-2 所示。工作范围的形状取决于机器人的自由度数和各运动关节的类型与配置。工作范围包含了工作空间的定义，工作空间通常定义了机器人的位置和方向，以便其完成指定的任务，而工作范围在此基础上还包括机器人自己运动时所占据的空间体积。机器人的工作范围通常用图解法和解析法两种方法表示。工作范围是机器人的一个重要性能指标，也是设计机器人结构的重要指标。

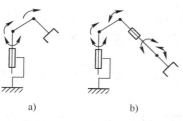

图 2-1　多自由度示意图

a) 3 自由度　b) 5 自由度

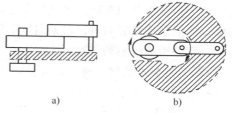

图 2-2　工作范围示意图

a) 侧视图　b) 俯视图

　　机械结构的工作范围还会受机械结构的运动受限制部分的影响，如关节运动范围的有限性、连杆长度、轴间夹角或这些因素的综合限制。工作在工作范围中间的多关节机械臂通常会比在其极限位置有更好的工作效果。机械臂的长度和关节的移动范围之间应该具有一定的冗余度，实现在传感器的引导下，形成多种移动路径，且便于末端执行器或工具的更换，否则，工作范围将常因偏移量和长度的不同而改变。

3．工作速度

　　工作速度是指机器人在工作载荷下，机械接口中心在单位时间内匀速移动的距离或转动的角度。运动速度是指机器人单关节的运动速度。最大工作速度通常指机器人末端的最大移动速度。工作速度与机器人所承载的重量和位置精度有密切的关系，且影响着机器人的工作效率。工作速度高，工作效率随之提高，但机器人承载的负荷也将增大，加减速时将承受较大的惯性力，影响机器人工作的平稳性和位置精度，因此提高机器人的加减速能力，保证机器人加减速过程的平稳性是非常重要的。

4．工作载荷

　　工作载荷是指机器人在工作范围内的任何位姿上所能承受的最大负载，一般用质量、力矩、惯性矩表示。机器人的载荷与负载的质量，以及移动速度和加速度大小与方向有着密切关系。对于装配机器人来说，首要任务是保证位置精度，将其基本的抓取释放动作循环的时间减到最小，因此相比峰值速度和最大负载能力，机械结构的加速度和刚度往往是更为重要的参数。而弧焊机器人需要控制其在路径上缓慢移动；同时，速度的微小变化和跟踪焊接路径的准确性也十分重要。因此，操作控制的工作载荷设计应依据操作装置的有效载荷特性，而不是最大载荷来确定。

　　工作载荷还受机器人末端操作器的质量和惯性力影响，为了保证安全，一般将高速运行时所能抓取的工件重量作为承载能力指标。腕关节、末端执行器的设计和驱动部分受这些因素影响较大。一般情况下，负载能力在机械臂加速度和腕关节扭曲这两方面，相对其他因素更加重要，负载情况也会影响到机械臂静态结构的变形、电动机转矩的稳定性、系统固有频率、衰减及伺服系统控制变量的选择。这些因素都对机器人是否能够实现最好的运行效果和稳定性起着重要的作用。

5．驱动方式

　　驱动装置是机器人的动力之源，目前机器人常用的三种驱动器分别为液压式、气动式和电气式。其选择原则主要有：

　　1）驱动装置的选择应以作业要求、生产环境为先决条件，以价格高低、技术水平为评价标准。通常负荷小于 100 kg，可优先考虑电磁式驱动装置。只需点位控制且负荷较小者，或有防爆、清洁等特殊要求时，常采用气动驱动装置。负荷较大或机器人周围已有液压源的常温场合，可采用液压驱动装置。

2）驱动装置要求关键指标：力矩大、调速范围宽、惯量小和尺寸小，同时还要有与之配套的性能较好的控制系统。

目前较常见的驱动方式为电气式驱动，其主要包括：步进电动机、无刷电动机和永磁无刷电动机。

1）步进电动机。类似台式胶水分配机器人的简单小型机器人通常选用永磁混合式或可变磁阻式的步进和脉冲电动机。此类机器人的位置和速度控制为开环控制，其成本相对较低，并且与驱动电路的连接较容易实现。微步控制可以产生较多独立的机器关节位置。在开环步进电动机模式下，电动机以及机器人的运动有较明显的稳定时间，而这种现象可以通过机械的或者控制算法的方式进行抑制。步进电动机的能重比较其他类型的电动机更小。有闭环控制功能的步进电动机与直流或交流伺服电动机相似。

2）永磁无刷电动机。永磁式直流换向器电动机有众多不同的类型。低成本的永磁电动机使用陶瓷磁铁，常被用于玩具机器人和非专业机器人。钕铁硼磁体由于其超强磁性，在同等体积条件下可产生较大的转矩和功率。无铁心的转子式电动机通常用于小型机器人上，一般具有嵌入环氧树脂的铜导线电容、复合杯状结构或是盘状转子结构，这类电动机具有电感系数低、摩擦小、无齿槽转矩等优点。圆盘电枢式电动机则具有总体尺寸较小的优点。同时，由于有较多的转向节，其产生的输出可具有平稳的低转矩。无铁心电枢式电动机的质量小，同时传热通道受限制，使得其存在热容量低的缺点，所以，在高效率工作负荷下，其有严格的工作循环间隙限制以及空气散热需求。

3）无刷电动机。无刷电动机包括交流伺服电动机与无刷直流电动机，通常应用于工业机器人的结构中。此类电动机使用光学的或者磁场的传感器以及电子换向电路来代替石墨电刷以及铜条换向器，因此可减小摩擦力，降低瞬间放电与换向器的磨损。无刷电动机属于低成本电动机中的高性能电动机，缘于其降低了电动机结构的复杂性，但是，其使用的电动机控制器要比有刷电动机控制更复杂，成本也更高。无刷电动机的被动式多磁极钕铁硼转子以及铁制绕线定子具有良好的散热性和可靠性。线性无刷电动机通常有一个长而重的被动式多磁极定子和一个短而轻的电子换向式绕线滑块。

6. 精度

精度代表的是机器人在空间内，将其执行装置定位到程序设定位置的能力。机器人的准确性对于非重复性的工作非常重要，这些工作既可通过程序设定，也可在安装时预先设好。机器人精度主要是指定位精度，具体是指机器人执行末端实际到达的位置与目标位置之间的差异，如图 2-3 所示。

7. 重复性

重复性是指从同样的位置开始，采用相同的程序、载荷和安装设置，机器人的执行机构能够到达目标位置的有效球形空间半径。这一空间可能不包括目标点，因为计算的误差、精度的限制、执行模式的不同可能会比摩擦、传动系空程和机械装配空隙导致的误差更大。重复性代表了机器人的执行机构在相同的命令下，多次返回至同一位置的能力。重复性可用于度量多次轨迹之间的误差。它是衡量一系列误差值的密集度，即重复度，如图 2-4 所示。当进行重复的工作时，如装配、搬运、机器载入，重复性就非常重要。典型的重复度范围从大型焊接机器人的 1～2mm 到精密仪器机器人的 0.005mm。任何一台机器人在相同环境、相同条件、相同动作、相同指令下，每次动作位置较难完全一致。

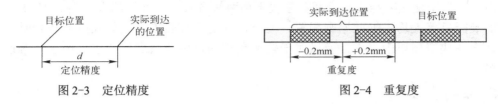

图 2-3　定位精度　　　　　　　　　图 2-4　重复度

8. 分辨率

分辨率是指能够由机器人执行器实现的最小增量值，例如移动距离或转动角度。机器人通过传感器控制运动和精确定位时，分辨率是重要的参数之一。目前多数机器人执行机构的分辨率是依据执行机构编码器的分辨率，或伺服电动机和传动装置的步长来计算获得，但这种计算途径有待进一步改进，因为系统摩擦、扭曲、齿系游移和运动的配置都影响着机械系统的分辨率。

2.2 机械臂

常见的各类机器人机械结构主要分为三部分：机身、手臂（包括手腕）和手部。机械臂是具有模仿人类手臂功能并可完成各种作业的自动控制设备，其系统具有多关节连接并能够接收指令，精确地定位到三维（或二维）空间的某一作业点，如图 2-5 所示。机械臂是机器人技术领域中得到实际应用最广泛的自动化机械装置，主要应用于工业制造、娱乐服务、医学治疗、军事、半导体制造以及太空探索等领域。

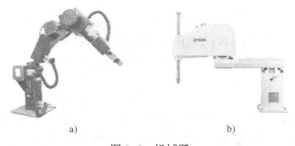

a)　　　　　　　　　b)

图 2-5　机械臂

2.2.1 机械臂的结构

机器人手臂是连接机身和手腕的部分，用于改变手部的空间位置，并将各种载荷传递到机座。常见的关节型机器人的机械臂主要由腰部、臂部和手腕组成，其中腰部是机械臂与机器人基座相连的部分，起支承机械臂的作用；臂部是连接机身和手腕的部分，是执行机构的主要运动部件（称为主轴），主要用于改变手腕和手部的空间位置和角度；手腕是连接手臂和手部（称为次轴）的部分，主要用于改变手部的空间姿态。

机器人手臂的结构设计中必须考虑臂部的重力平衡。常见的臂部平衡技术有：弹簧平衡法、电动机平衡法、质量平衡法和气动或液压平衡法。待平衡的小臂位于小臂杆前端，应避免使用复杂平衡结构，通常采用质量平衡法，其基本原理是合理地分布臂杆质量，使臂杆重心尽可能地落在支点上，必要时甚至采用在适当位置上配置重量以实现臂杆平衡。质量平衡法有结构自平衡和重块平衡两种方式。工业机器人制造商 KUKA 设计生产的装配机器人均根据此原则配置，但当臂杆的后部长度（无效长度）较长时，此结构不适合在狭窄环境中工作，所以对于较大负荷的机械臂只利用自重平衡法较难达到理想效果。

2.2.2　关节

关节，也称为运动副，在运动学上是指两个物体之间的连接，它限制了两个物体间的相对运动，所以相互连接的两个物体便构成了一个关节。

关节是机器人最重要的基础结构，也是运动的核心结构。机器人关节的构成可分三部分：驱动器、执行机构和传感器，具体主要有：电动机、伺服驱动器、谐波减速器、电动机端编码器、关节端位置传感器和力矩传感器，其中电动机和减速器通常直接相连。

关节中包含的驱动器和位置传感器是决定其灵活性的关键，然而关节结构的灵活性也将影响齿轮的中心距、引起力和转矩，同时导致相关的变形，比如黏合、堵塞和磨损。

下面利用机构运动简图辅助介绍常见的机器人关节。机构运动简图是利用简洁的线条和符号来表示各种构件和运动副，并按一定比例表示各运动副的相对位置，用来说明各构件间相对运动关系的简单图形。它与机器人的原机构有相同的运动，并可以准确直观地展示机构的组成和传动情况。对于多数机器人的关节可分为平移关节和旋转关节两类，其运动简图如图 2-6 所示。

图 2-6　平移关节与旋转关节的运动简图

a) 垂直平移　b) 平行平移　c) 平面旋转　d) 空间旋转

1. 平移关节

平移关节，又称为平移副、棱柱关节或滑动关节，是两杆件间的组件能使其中一件相对于另一件做直线运动的关节。两个构件之间只能相对平移，阻止相对旋转，所以只有一个自由度。关节上的两个物体相对于彼此来说保持固定的移动，它们只能够沿着特定的轴线一起移动。平移关节可以进行限定，保证其只能沿着某个轴在一定范围内进行移动。

平移关节有两种基本类型：单级型和伸缩型。单级型关节由一个可以沿另一个固定表面移动的表面组成。伸缩型关节本质上是由单级型关节组合而成。单级型关节具有刚度强和结构简单的优点；而伸缩型关节的主要优点为：连接紧凑，且伸缩较大。对于部分机器人因为其关节的某些部位可能没有移动或者以较小的加速度移动，伸缩型关节有更小的惯性。

　　平移关节轴承的主要功能是促进其在某一方向上的移动，同时防止其他方向的运动。结构的变形直接影响轴承表面构造，并进一步影响机器人的性能，在某些情况下，载荷引起的圆筒偏差可能导致运动的阻塞。对于高精度的移动关节，在长距离也要保持一个直线路径，但在有摩擦的多层表面中，要达到较高的精度其代价是比较高的。

　　平移关节中，移动元件主要有铜或者热塑性套管，此类套管有成本低、承载能力相对较高，且可在未硬化或者微硬化表面工作等优点。此外较常见的套管是球状套管，与热塑性套管相比，球状套管具有高精度与低摩擦等优点。

　　球和滚珠导轨在平移关节中也较常见。此类滑动结构主要包含循环和非循环两类。非循环的球和滚珠导轨主要应用于短位移的装置上，其具有高精度、低摩擦的优点，但另一方面，也因此导致其对冲击敏感，同时其转矩负载的能力较差。相对来说，循环球和滚珠导轨在一定程度上精确度不高，但是能承载更高的载荷。它们也可以被用来承载相对较大的载荷，其移动距离可达几米。商业用的可循环球和滚珠导轨已经大大简化了直线轴的设计和结构，特别是在构架和轨道操纵方面。

　　由凸轮附件、滚筒或滚轮组成的关节是另一种常见的机器人平移关节，这些滚动体均是在模压、机加工、拔模或者磨光后的表面上滚动。在大载荷装置中，滚动体滚动所在的表面必须在最终精磨之前进行硬化处理。凸轮附件在购买时会带有独特的安装杆，它可以被用来辅助装配和调整，而弹性套管可保证运行更安静和顺畅。

2. 旋转关节

　　旋转关节，又称为回转副、回转关节和转动关节，是连接两杆件的组件能使其中一件相对于另一件绕固定轴转动的关节，两个构件之间只做相对转动的运动副，如手臂与机座、手臂与手腕，并实现相对回转或摆动的关节结构，由驱动器、回转轴和轴承组成。可见转动关节是被设计用来实现纯旋转的一种运动副。多数电动机能直接产生旋转运动，但常为获得较大的转矩，需配合各种链条、齿轮、带传动或其他减速装置。

　　旋转关节的刚度或者抵抗其他干扰运动的能力是其最重要的评价指标之一。在刚度设计中应考虑的关键因素有轴的直径、误差和间隙，轴承的支承结构，以及在梁上加载合适的预载荷。轴的直径和轴承的尺寸并非总是基于承载能力，实际应用中此类关节常根据刚性的支承结构进行选择，同时还需要一个可以保证线缆穿过的较大管道，甚至一个控制元件可通过的孔洞。因为关节轴常被用来传递转矩，所以设计关节轴及其支承结构时，要求必须能同时承受弯曲和扭转。

2.2.3　腕部的结构

　　机器人腕部是连接手部和手臂的部分，主要用于给手臂传递作业载荷和改变手部的空间方向。为了保证手部能达到空间任意方位，要求腕部能分别在 X、Y、Z 三个坐标轴转动，即具有翻转关节（Roll，R 关节）、折曲关节（Bend，B 关节）、移动关节（Translate，T 关节），如图 2-7 所示。

　　单自由度手腕仅有绕垂直轴旋转的一个自由度，可通过 R 关节、B 关节和 T 关节分别实现翻转、俯仰（偏转）和偏移功能。

　　为了减轻机器人悬臂重量，手腕的驱动电动机固定在机架上。手腕转动的目的在于调整装配件的方位。由于转动为两级等径轮齿，所以大小臂的转动不影响末端执行器的水平方位，而该方位的调整完全取决于手腕转动的驱动电动机，这是此类传动方式的优点所在，较适合电子线路板的插件等作业。

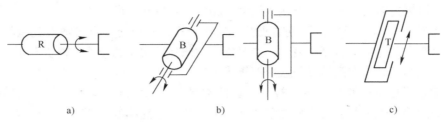

图 2-7　单自由度关节示意图

a) R 关节　b) B 关节　c) T 关节

二自由度手腕根据关节类型不同（见图 2-8 和图 2-9），可分为：①BR 手腕，由一个 R 关节和一个 B 关节组成；②BB 手腕，由两个 B 关节组成；③RR 手腕，但是两个 R 关节不能组成 RR 手腕，这实际上是一个单自由度的手腕。

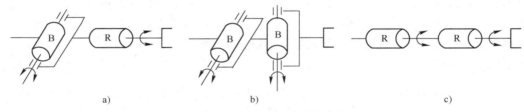

图 2-8　二自由度手腕示意图

a) BR 手腕　b) BB 手腕　c) RR 手腕

图 2-9　二自由度手腕机械臂

a) BR 手腕　b) BB 手腕

三自由度手腕是"万向型"手腕，结构形式繁多，一般是在二自由度手腕的基础上加一个手腕相对于手臂转动的自由度而形成。三自由度手腕根据关节类型不同可分为（见图 2-10）：①BBR 手腕，可以实现翻转、俯仰、偏转运动；②BRR 手腕，R 关节需要偏置；③RRR 手腕，可以实现翻转、俯仰、偏转运动；④BBB 手腕，关节退化，只能实现俯仰和偏转运动，这实际上是一个二自由度的手腕。

三自由度手腕（见图 2-11）可以完成二自由度手腕很多无法完成的作业。近年来，大多数小型的关节型机器人采用了三自由度手腕。

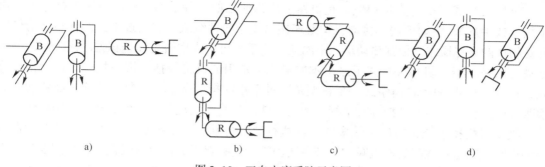

图 2-10　三自由度手腕示意图

a) BBR 手腕　b) BRR 手腕　c) RRR 手腕　d) BBB 手腕

图 2-11　三自由度手腕机械臂

a) BBB 手腕　b) BBR 手腕

2.2.4　手部结构

机器人的手也叫末端操作器或末端执行器，是在机械臂腕部配置的操作机构，相当于人的手，其主要作用是夹持工件或按照规定的程序完成指定的工作。人的五指有 20 个自由度，通过关节的屈伸，可以实现各种复杂的动作。机器人手部设计的研究方向主要有柔性化、标准化与智能化。

根据机器人作业内容的差异（如搬运、装配、焊接和喷绘等）和作业对象的不同（如轴类、板类、箱类和包类物体等），手部被设计为多种形式。综合考虑机器人手部的用途、功能和结构特点，可将其分为以下几类：夹持式、吸附式、仿生手、专用操作器及换接器，如图 2-12 所示。

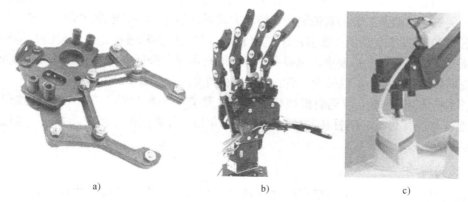

图 2-12　手部结构

a) 夹持式　b) 仿生手　c) 吸附式

机械夹持式手部与人手相似，是机器人广为应用的一种手部形式。机械夹持式手部由手指（或手爪）、驱动机构、传动机构及连接与支承元件组成，它通过手指的开与合动作实现对物体的夹持操作。根据传动形式不同夹持式手部可分为回转型和平移型。回转型的回转运动形式是机器人机械夹持式手最基本的形式，常用的机构包括：楔块杠杆式、滑槽杠杆式、连杆杠杆式 和齿轮齿条式。平移型是通过手指的指面做直线往复运动或平面移动来实现张开或闭合，常用于夹持具有平行平面的工件，其结构较复杂，不如回转型应用广泛。

吸附式机械手是目前应用较多的一种执行器，特别适用于搬运机器人。该类执行器可分为气吸式和磁吸式两类。气吸式手部主要由吸持式装置组成，包含吸盘、吸盘架及进排气系统，利用吸盘内压力和大气压力差工作，而形成压力差的方式主要有：真空吸附、气流负压吸附、挤压吸附。气吸式手结构简单、重量轻、使用方便，主要应用于非金属材料（板材、纸张、玻璃等）或不可有剩磁的材料吸附，且要求物体表面平整光滑，无透气空隙。磁吸式手部依靠永磁体或电磁铁的磁力吸附，基于此其可分为：永磁式和电磁式。磁吸式手部单位面积吸力大，对工件表面粗糙度、通孔、沟槽无特殊要求，但只对铁磁物体起作用，被吸工件存在剩磁、铁屑，致使不能可靠吸住工件，只适用于工件要求不高或有剩磁也无妨的场合，对不允许有剩磁的工件要禁止使用，所以磁吸式手部的使用有一定的局限性。

仿人机械手可根据不同形状、不同材质的物体实施夹持操作，物体表面受力均匀，可提高操作能力、灵活性和快速反应能力。根据仿生手的结构不同可分为：柔性手和多指灵活手，其中柔性手的每个手指由多个关节串联而成。手指传动部分由牵引钢丝绳及摩擦滚轮组成，每个手指由两根钢丝绳牵引，一侧为握紧，另一侧为放松。驱动源可采用电动机驱动或液压、气动元件驱动。柔性手可抓取外形凹凸不平的工件并使物体受力较为均匀。多指灵活手是机器人的手爪和手腕模仿人手的最完美形式。多指灵活手有多个手指，每个手指有 3 个回转关节，每一个关节的自由度都是独立控制的。因此，能模仿完成人手的各种复杂动作，诸如拧螺钉、弹钢琴和作礼仪手势等动作。在手部配置触觉、力觉、视觉和温度等传感器，使多指灵活手更加智能。多指灵活手的应用场景十分广泛，可在多种极限环境下完成人无法实现的操作，如核工业领域、宇宙空间作业，以及在高温、高压和真空环境下作业等。

2.2.5 传动方式

机器人的各个部件需要驱动力，以保证其完成程序指定的动作，因此设计和选择良好的传动部件很关键。这涉及关节形式的确定、传动方式以及传动部件的定位和消隙等多方面内容。机器人传动机构的基本要求主要有：①结构紧凑，即同比体积最小、重量最轻；②传动刚度大，即承受力矩作用时变形要小，以提高整机的固有频率，降低整机的低频振动；③回差小，即旋转变向时空行程要小，以得到较高的位置控制精度；④寿命长、价格低。

根据传动机构不同，常见的机械传动方式主要有：齿轮传动、带传动、链传动、丝杠传动、连杆与凸轮传动、蜗杆传动等。下面主要介绍三种典型的机械传动方式：齿轮传动、带传动和链传动。

1. 齿轮传动

齿轮传动是通过齿轮传递空间任意两轴间的运动和动力，是现代机械传动中应用最广泛的一种机械传动方式。

齿轮传动是主动齿轮与从动齿轮之间通过齿轮直接接触从而实现运动和动力传递的方式。齿轮传动可改变运动方向（见图 2-13），还可以改变曲轴或轴间的转动速度和转矩（见图 2-14）。

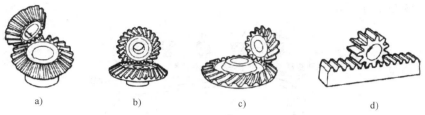

图 2-13　利用齿轮传动改变运动方向

a) 直齿锥齿轮　b) 斜齿锥齿轮　c) 曲线齿锥齿轮　d) 齿轮齿条

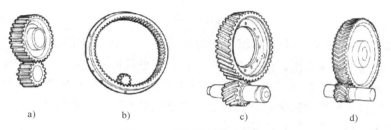

图 2-14　利用齿轮改变转速

a) 直接圆柱齿轮　b) 内啮合齿轮　c) 斜齿圆柱齿轮　d) 人字齿圆柱齿轮

齿轮传动中，齿轮的齿数 n 与角速度 ω 之间的关系为（假设忽略摩擦力）

$$n_1\omega_1 = n_2\omega_2 \tag{2-1}$$

由式（2-1）可知，若主动齿轮为大齿轮，从动齿轮为小齿轮，因小齿轮的齿数少，使得小齿轮的转速比大齿轮要快，可实现加速效果。反之，若主动齿轮为小齿轮，从动齿轮为大齿轮，则可实现减速效果。

齿轮的转矩 T 与角速度 ω 之间的关系为

$$T_1\omega_1 = T_2\omega_2 \tag{2-2}$$

由式（2-2）可知，若要增加转矩，可降低角速度。反之，若要增加角速度，则可减小转矩。

联立式（2-1）和式（2-2）可得，齿轮转矩 T 与齿数 n 的关系为

$$T_1 n_2 = T_2 n_1 \tag{2-3}$$

由式（2-3）可知，大齿轮的转矩比小齿轮的转矩高。

相比其他传动形式，齿轮传动的主要优点有：传动比可保证恒定不变；传动可靠，工作寿命长；适用的功率和速度范围广；结构紧凑；传动效率高。其主要缺点有：配合精度低时，传动振动和噪声较大；不适用于轴间距离较大的传动；齿轮加工制造的成本较高。

2. 带传动

带传动是利用张紧在带轮上的柔性带进行运动或动力传递的一种机械传动，通常由主动齿轮、从动齿轮和张紧在两轮上的环形带组成，如图 2-15 所示。根据传动原理的不同，

可分为摩擦型传动和啮合型传动（同步带传动），其中摩擦型传动通过带与带轮间的摩擦力
实现传动，而啮合型传动则是通过带内表面的齿与带轮上的齿槽相互啮合实现传动的。根据
传动带截面形状的不同，带传动又可分为平带传动、V 带传动和特殊带传动（多楔带、圆
带）等，如图 2-15 所示。

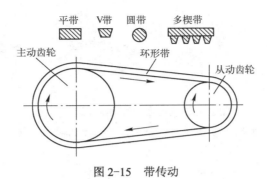

图 2-15　带传动

　　带传动具有结构简单、传动平稳、能缓冲吸振、可以在大的轴间距和多轴间传递动
力，以及造价较低、不需润滑、便于维护等特点，在近代机械传动中的应用十分广泛。摩擦
型带传动能过载打滑，运转噪声低，但传动比不准确（滑动率小于 2%）；同步带传动可保
证传动同步，但对载荷变动的吸收能力稍差，高速运转有噪声。带传动除用于传递动力外，
有时也来输送物料、进行零件的整理等。

　　与齿轮传动相比，带传动的主要优点有：①带具有良好的挠性和弹性，有缓冲、吸振
作用，因此传动平稳、噪声小；②过载时，带在带轮上产生打滑，从而防止损坏其他零件，
保护原动机；③适合中心距较大的传动；④结构简单，成本低。其存在的缺点有：①带是弹
性体，在传动中存在着弹性滑动，故不能保证准确的传动比；②传动效率较低；③带传动的
尺寸较大，机械结构不够紧凑；④不适于高温、易燃及有腐蚀性的作业环境。

　　（1）平带传动

　　平带传动工作时，传动带绕在平滑的轮面上，借助传动带与轮面间的摩擦进行传动。
传动带可根据需要剪裁后首尾接成封闭环形，较常见的为开口传动，如图 2-16 所示。此
外，根据特殊需求，平带传动还可实现交叉传动和半交叉传动，以适应主动轴与从动轴不同
相对位置和不同旋转方向的需要。平带传动结构简单，效率较高，但容易打滑，通常用于传
动比为 3 左右的传动。

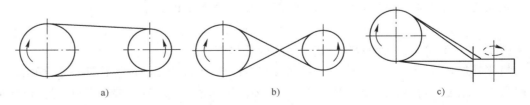

图 2-16　平带传动类型
a) 开口传动　b) 交叉传动　c) 半交叉传动

　　平带有胶带、编织带、强力锦纶带和高速环形带等。胶带是平带传递中使用最多的一
种，它强度较高，传递功率范围广。编织带挠性好，但易松弛。强力锦纶带强度高，且不易

松弛。平带的截面尺寸都有标准规格，可选取任意长度，用胶合、缝合或金属接头接成环形。高速环形带薄而软、挠性好、耐磨性好，且能制成无端环形，传动平稳，专用于高速传动。

（2）V 带传动

V 带传动工作时，传动带放在带轮上相应的型槽内，借助传动带与 V 形凹槽两侧壁面的摩擦力实现传动。V 带通常是数根并用，带轮上有相应数目的 V 形凹槽，且一般只用于开口传动。用 V 带传动时，传动带与带轮接触良好，不易打滑，传动比相对稳定，运行平稳。V 带传动适用于中心距较短和传动比较大的场合，在垂直和倾斜的传动中也能较好工作。此外，因数根 V 带并用，其中一根损坏也不致发生事故。

V 带的截面尺寸和长度已标准化，根据其横截面的顶宽、高度、截面积和楔角等尺寸分为：普通 V 带、窄 V 带、宽 V 带、大楔角 V 带等多种形式，其中普通 V 带应用最为广泛，它是由强力层、伸张层、压缩层和包布层制成的无端环形胶带，如图 2-17 所示。强力层由帘布或粗线绳组成，主要用来承受拉力。伸张层和压缩层为胶料，在弯曲时起伸张和压缩作用。包布层由橡胶布组成，其作用主要是增强 V 带的强度以保护 V 带。近年来 V 带的强力层已普遍采用化学纤维线绳芯结构，以提高传动带承载力。设计 V 带传动时，可按传递的功率和小轮的转速确定带的型号、根数和带轮结构尺寸等参数。

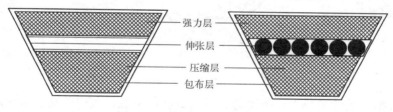

图 2-17　普通 V 带组成示意图

（3）多楔带

多楔带传动兼有平带传动和 V 带传动的优点，其传动带柔性好，且传动带背面也可用来传递功率，适用于传动力大且要求结构紧凑的场合。如果围绕每个被驱动带轮的包容角足够大，就能够用一条传动带同时驱动机械装置的多个附件，如交流发电机、风扇、水泵、空调压缩机、动力转向泵等。多楔带有 PH、PJ、PK、PL 和 PM 型等 5 种断面供选用，其中 PK 型断面传动带近年来已广泛用于汽车上。多楔带允许使用比窄 V 带更窄的带轮（直径约为 45mm）。为了能够传递同样的功率，多楔带的预紧力最好比窄 V 带增大 20% 左右。

（4）同步带

同步带传动是近年来发展较快的一种特殊的新型带传动。传动带的工作面被加工成齿形，带轮的轮缘表面也被加工成相应的齿形，主要通过传动带与带轮啮合进行传动，如图 2-18 所示。

同步带传动与一般的带传动相比，其主要优点有：承载能力大；传动效率高；重量轻，挠性好，啮合传动，不易打滑；传动带与带轮无相对滑动，传动较准确，产生热量较小；传动比大，最大可达 10；不需要较大的初拉力；适应的功率范围和速度范围较广。其主要缺点有：对制造和安装的要求较高，对中心距要求较严。

同步带由强力层和基体两部分组成，其中强力层一般采用多股细钢丝绳或玻璃纤维制成，主要用于传动，并保证传动带工作时节距保持不变。基体为同步带外表面层，其可细分为带齿和带背，主要由聚氨酯或氯丁橡胶组成。同步带的失效主要由于其单个层结构破损所致，如强力层的疲劳断裂、带齿的磨损以及被剪切破坏或压溃。

同步带传动综合了带传动、链传动和齿轮传动的优点，被广泛应用于要求传动比准确以及小功率传动等场景中，如汽车、计算机、各种仪器仪表和打印机等设备。

传动带的种类通常是根据工作机的类型、用途、使用环境和各种带的特性等综合选定。若有多种传动带满足传动需要时，则可根据传动结构的紧凑性、生产成本和运转费用，以及市场的供应等因素，综合选定进而得出最优方案。

3. 链传动

链传动是通过链条与链轮的啮合，将主动链轮的运动和动力传递到从动链轮的一种传动方式，如图 2-19 所示。

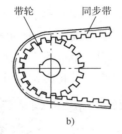

图 2-18　同步带

a) 实物图　b) 示意图

图 2-19　链传动

链传动根据其用途可分为：传动链、牵引链和起重链，其中传动链多应用于一般机械设备中，使用最为广泛；而牵引链和起重链则多用于运输和起重机械。

传动链主要有齿形链和滚子链两种。滚子链具有结构简单，价格低，重量轻，供给方便等特点，使其应用较广泛。而齿形链则结构复杂，价格高，重量大，但相比滚子链其传动平稳且噪声小，故又被称为无声链传动，多用于对运动精度和速度要求较高的场合。

链传动兼具带传动和齿轮传动的特性。与带传动相比，因链传动为啮合传动，所以避免了弹性滑动和打滑，且效率较高，平均传动比较准确；对初拉力要求不高，作用于轴的力较小；传递同质量的载荷，结构更紧凑，拆卸更方便；可适应油污和泥沙等恶劣环境。链传动与齿轮传动相比，链传动的啮合齿数较多，使得轮齿受力较小，磨损较轻；链传动的制造与安装精度也相对较低，这些特点使其多应用于大中心距的传动中。

链传动的缺点主要体现在仅应用于平行轴间传动，且瞬时链速和瞬时传动比不稳定，所以高速运转时不如带传动平稳，存在较大的振动噪声和冲击，不适用于急速反转和载荷变化较大的传动。

根据上述链传动的特点，其被广泛应用于矿山机械、汽车、冶金机械、起重运输机械和自行车等机械传动中。

2.3　行走机构

　　行走机构是机器人实现迅速灵活移动的关键部分，它由驱动装置、位置检测元件、传动机构、传感器、电缆及管路等组成。它一方面支承机器人的机身、臂部和手部，另一方面根据工作任务的要求，带动机器人实现在更广阔的空间内运动。针对陆地表面环境的差异，按机器人移动轨迹可分为固定轨迹式和无固定轨迹式。固定轨迹式主要应用于工业机器人，而无固定轨迹式按机器人的行走方式可分为轮式、履带式和足式，如图 2-20 所示。此外，还有步进式行走机构、蛇行式行走机构、蠕动式行走机构和混合式行走机构等，以适用于各种特殊的地形环境。

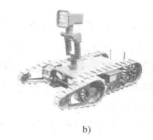

a)　　　　　　　　　b)　　　　　　　　　c)

图 2-20　不同行走机构的机器人

a) 轮式　b) 履带式　c) 足式

2.3.1　足式

　　足式行走机构能较好地适应崎岖地形，因其行走触地点是离散的，可选择优化其可能到达的地面支撑点，而履带式与轮式行走机构则必须遍历其几乎全部行走触地点，足式行走机构在跨越障碍方面具有较强的优越性。常见的足式行走机构按足的数量主要分为：单足、双足、三足、四足、六足、八足等，如图 2-21 所示。

a)　　　　　　b)　　　　　　c)　　　　　　d)

图 2-21　足式机器人

a) 单足机器人　b) 双足机器人　c) 四足机器人　d) 六足机器人

1. 单足机器人

　　单足机器人因其单条腿的结构特性，导致其平衡性较差，且行走困难。早期的单足机器人是模仿青蛙的跳跃运动被设计为弹跳式机器人。弹跳机器人的平衡设计是保证其持续弹跳运动的重要环节，且有多种平衡方式，最简单的方法是降低机器人重心，以减小机器人高度或在机器人底部添加重块，也可以将机器人底部设计成类似于不倒翁的圆形支承足，使机器人在弹跳或落地后修正姿态，保持平衡，为下一次弹跳做准备。

单足弹跳机器人相比轮式和爬行机器人可跳跃数倍于自身高度的障碍物，且弹跳运动的爆发性有利于其躲避危险，这也促进了单足弹跳机器的研究发展。为提高单足机器人的移动灵活性和实用价值，其足部后被改进设计为球体结构，即单球轮机器人，如图 2-21a 所示，Rezero 单球轮机器人是由瑞士苏黎世联邦理工学院于 2010 年开发的。单球轮机器人通过足部的球体实现移动，且球体类似于万向轮，在小范围内可较灵活地全方位移动。这一特性可使单球轮机器人原地 360°旋转，可机动通过狭窄区域，极大扩展了其应用范围。

2. 双足机器人

双足机器人是仿人双足直立行走和能完成相关动作的类人机器人，如图 2-21b 所示。双足机器人对非结构性的复杂地面具有良好的适应性，自动化程度高，并且移动盲区小，是机器人领域的重要发展方向之一。近几年来随着驱动器、传感器、计算机软硬件等相关技术的发展，出现了大量的双足机器人样机，不仅实现了平地步行、上下楼梯和上下斜坡等步态，有的还能完成跑步、弹跳和跳舞等类人动作。

为保证双足机器人步行运动的速度和承载能力，其腿部机构的对称设计是关键。双足机器人要想完成直线行走、转弯和上下楼梯等动作，其腿部关节需满足以下要求：①前向转动关节，协助机器人完成前后运动；②左右侧摆关节，协助机器人完成左右侧向运动；③转弯关节，协助机器人完成转向运动。

若满足上述腿部关节运动要求，双足机器人的双腿共需 12 个自由度，如图 2-22 所示。其中，踝关节 2 个自由度，实现前向和侧向运动；膝关节 1 个自由度，可完成前向运动；髋关节 3 个自由度，分别实现前向、侧向和转弯动作。

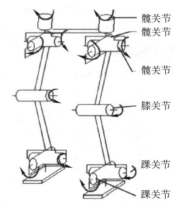

图 2-22 双足机器人腿部自由度配置

髋关节
髋关节
髋关节
膝关节
踝关节
踝关节

双足机器人根据其平衡方式的不同可分为：静态步行、准动态步行和动态步行。其中，静态步行是指双足机器人在行走过程中始终保持零力矩点在脚的支承面内，这也是目前双足机器人使用最广泛的步行方式。零力矩点（Zero Moment Point，ZMP）是指脚掌受力合力作用点的力矩为零的点。准动态平衡是将机器人的行走过程分为单脚支承期和双脚支承期，单脚支承期采用静态步行平衡，而双脚支承期则根据倒立摆原理，控制重心由后脚跟移到前脚。动态步行是最接近人类的行走方式，其原理为将整个躯体设为多连杆倒立摆，控制器姿态保持稳定，并利用重力、蹬脚和摆动推动重心前移，实现双足交替行走。

双足步行机器人较之其他移动机器人，其应用受限的主要原因在于设计复杂和功耗高。目前的足式机器人的运动控制主要采用基于零力矩点的轨迹规划方法。机器人的每个关节都需要进行驱动和控制，因此该类机器人从机械结构到控制系统都需要比较复杂的设计，效率很低，不适于长时间和长距离的野外作业。而且人类的关节是一个很复杂的结构，目前仅依靠电动机去模拟，得到的效果自然不甚理想，如图 2-23 所示。

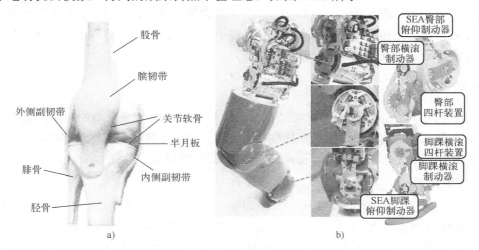

图 2-23　关节图

a) 人类关节结构　b) 机器人关节结构

3. 多足机器人

多足机器人是一种具有冗余驱动、多支链、时变拓扑运动机构的足式机器人。多足一般指四足以及四足以上，常见多足机器人同双足一样多采用对称式足部结构，最典型的就是四足机器人和六足机器人，如图 2-21c 和图 2-21d 所示。多足步行机器人具有较强的机动性和更好适应崎岖地形的能力，随着对其研究的不断发展，其速度、稳定性、机动性和环境适应性等方面的性能不断提高。

多足机器人腿部机构的性能直接决定着机器人的整体性能，所以腿部结构是多足机器人机械设计的关键。对多足机器人的腿部机构设计要满足以下几点基本要求：①实现运动的要求；②满足承载能力的需求；③结构实现和传动控制的要求。多足机器人的每个腿部机构至少要有两个自由度，可通过屈伸关节和俯仰关节的不同组合，保证其灵活行走。两个自由度具体可分为以下三类：①两个俯仰关节；②两个屈伸关节；③一个屈伸关节和一个俯仰关节。但若要通过腿的转动改变行进方向或实现原地转向，则腿部需要至少三个自由度，如 BBB 组合关节，如图 2-24 所示。在二自由度的基础上加一个水平旋转自由度侧摆关节，就可以实现腿部的侧摆、俯仰和屈伸了。

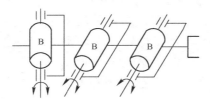

图 2-24　三自由度关节配置示意图

四足机器人的腿部结构主要实现形式有：缩放型机构、四连杆机构、并联机构、平行杆机构、多关节串联机构、缓冲型虚拟弹簧腿机构。四足机器人通过四足抬腿和放腿的顺序组合，可实现多种步态（步态是指腿的摆动和支撑运动以及这些运动之间的相对时间关系），比如慢走、慢跑、对角跑、跳跃、转向等。六足机器人的步态较四足机器人更丰富，主要有：三角步态、四足步态、波动步态和自由步态等。其中，三角步态是六足机器人行走的典型步态，具体是指将六足机器人两侧六条腿分为左右两组，并分别组成三角形支架，通过大腿前后移动实现支承和摆动，从而完成行走。

2.3.2 轮式

轮式行走机构是以驱动轮子来带动机器人进行移动，较适合平坦的路面，由于其具有自重轻、承载大、机构简单、驱动和控制相对方便、行走速度快、工作效率高等特点，从而被广泛应用，在陆地机器人中轮式也是使用最多的行走机构。

1. 车轮形式

轮式行走机构的车轮形式取决于其使用的地形地貌和车辆载重情况。常见车轮主要有：实心轮和充气轮，如图 2-25 所示。其中，实心轮又可分为：实心金属轮和实心非金属轮。实心金属轮多用于轨道机器人；实心非金属轮则用于室内平坦路面移动的机器人；充气轮多配置于室外行驶的机器人。全向轮（Omni Wheel）或麦克纳姆轮（Mecanum Wheel）属于实心轮中较有创意的一类，常用于狭小环境下灵活运动以及平面内任意方向精确移动的机器人。

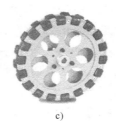

a) b) c) d)

图 2-25　常见车轮

a) 实心轮　b) 充气轮　c) 全向轮　d) 麦克纳姆轮

（1）麦克纳姆轮

麦克纳姆轮由轮辐和固定在外周的多个滚子构成，滚子与轮子间的夹角一般为 45°。每个轮子有三个自由度，第一个是轮子绕其轴心转动，第二个是滚子绕其轴心转动，第三个是轮子绕其地面接触点转动。轮子由电动机驱动，其余两个自由度自由运动。通过三个或三个以上的麦克纳姆轮即可实现机器人的全方位移动。

麦克纳姆轮的滚子之间存在间隙，通常采用多个滚子以减少滚子之间的间隙，使得轮子在转动过程中同地面接触点的高度稳定，避免车体振动或打滑。麦克纳姆轮的典型布置方式为 H 形布置，如图 2-26 所示。

（2）全向轮

全向轮由轮盘和固定在轮盘外围的滚子构成。轮盘轴心同滚子轴心垂直，轮盘由电动机驱动绕其轴心

图 2-26　麦克纳姆轮的典型布置

转动，每个滚子依次与地面接触，并可绕各自轴心自由转动。

全向轮的轮盘上有内圈和外圈两种滚子，都可以绕与轮盘轴垂直的轴心转动，具有公共的切面方向。这种结构保证了轮盘滚动时与地面的接触点高度不变，能避免机器人振动，同时也保证了在任意位置都可以实现沿与轮盘轴平行方向的自由滚动。全向轮的典型布置方式有：三角形布置和十字形布置，如图 2-27 所示。

a)　　　　　　　　　　　　　　　　b)

图 2-27　全向轮的典型布置

a) 三角形布置　b) 十字形布置

2．车轮的配置和转向机构

轮式行走机构根据车轮的数量可分为：一轮、二轮、三轮、四轮以及多轮机构，如图 2-28 所示。其中，一轮和二轮行走机构的稳定性问题一定程度上限制了其应用范围；三轮和四轮则相对稳定，被广泛应用于日常生活中的轮式行走机构中。

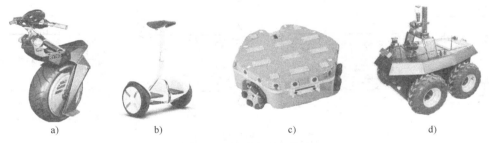

a)　　　　　　　b)　　　　　　　c)　　　　　　　d)

图 2-28　轮式行走机构车

a) 一轮车　b) 二轮车　c) 三轮车　d) 四轮车

（1）二轮行走机构

目前机器人采用二轮行走机构的以两轮并排方式较为广泛，如图 2-28b 所示，其自平衡控制系统是两轮左右平行布置的，像传统的倒立摆一样，本身是一个自然不稳定体，而是通过姿态传感器（陀螺仪、加速度计）来监测车身所处的俯仰状态和状态变化率，利用高速微控制器计算出适当数据和指令后，驱动电动机产生前进或后退的加速度使车体前后平衡稳定。

（2）三轮行走机构

三轮行走机构是轮式机器人的基本行走机构之一，其典型的配置方式为前置两个轮，在两轮中垂线上后置一个轮，构成的三点式车轮配置，优点为车轮均会着地而不会悬空，控制较稳定，但当车体因转弯、碰撞等原因，导致车体重心偏移，稳定性下降。上述典型的三轮行走机构具体的配置方式有三种：①前置两个独立驱动轮，后置一个起支承作用的从动轮,利用前轮的差速实现转弯,如图 2-29a 所示;②前置两个差速驱动轮,配合一个后置驱动转向轮,如图 2-29b 所示;③前置两个配有差速齿轮的从动轮,后置一个驱动转向轮,如图 2-29c 所示。

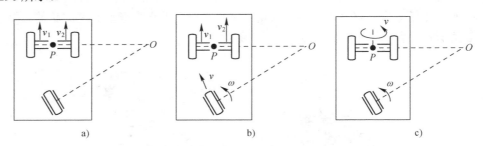

图 2-29 三轮行走机构配置

a) 前轮独立驱动 b) 前轮驱动,后轮转向 c) 前轮从动,后轮驱动

（3）四轮行走机构

四轮行走机构的典型配置为前后各两个轮,如图 2-30 所示。相比三轮行走机构,四轮稳定性更高,能更好地支承车体,但四轮行走机构的精准控制难度较大,需保证四个轮子中心正,安装高度一致,以及驱动轮绝对着地。根据驱动轮不同,四轮行走机构主要可分为:前轮驱动、后轮驱动和四轮驱动。为了提高四轮行走机构的灵活性,可根据需要将四轮位配置为横向排列、纵向排列、同心排列和十字排列等,如图 2-30 所示。同心和十字排列四轮的旋转半径为 0,能绕车体中心旋转,因此可在狭窄场所改变方向。

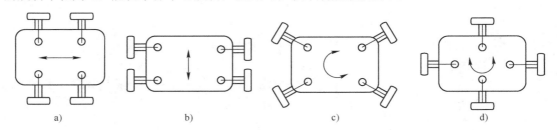

图 2-30 四轮行走机构配置

a) 横向排列 b) 纵向排列 c) 同心排列 d) 十字排列

3. 轮式越障机构

常规的轮式行走机构对崎岖不平地面适应性较差,为了提高轮式机器人的地面适应能力,研究人员开发了轮式越障机构,如图 2-31 所示。

（1）行星轮机构

行星轮机构是应用最广泛的一种轮式越障机构,其经典结构由可自转和公转的三个呈等边三角形分布的轮子组成,如图 2-32 所示。当与地面接触的两个轮子自转时,车体正常行走。当三个轮子绕中心轴公转时,车体可攀爬台阶实现越障。行星轮行走机构可以兼顾平地行走和越过障碍,相比履带等其他形式的越障方式是结构简单且较易实现的越障方案,所以成为日常生活中应用较为广泛的攀爬机构,如行星轮式爬楼梯轮椅等。

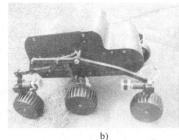

a)　　　　　　　　　　b)　　　　　　　　　　c)

图 2-31　轮式越障车

a) 行星轮式　b) 摇臂转向架式　c) 多节车轮式

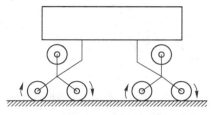

图 2-32　行星轮行走机构

行星轮行走机构越障的具体工作过程为：①1 轮与 3 轮自转前进，直至 1 轮接触障碍物，如图 2-33a 所示；②1、2、3 三个轮子围绕其中心 o 点公转，使 2 轮到达障碍物上部，如图 2-33b 所示；③2 轮与 1 轮自转前进，同时三个轮子围绕中心 o 点公转，使三个小轮跨越障碍，如图 2-33c 所示；④当 2 轮再次接触障碍物时，如图 2-33d 所示，重复过程①~③实现再次越障。

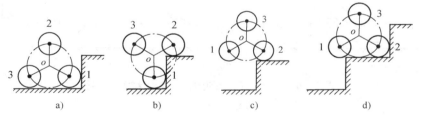

a)　　　　　　　　b)　　　　　　　　c)　　　　　　　　d)

图 2-33　行星轮行走机构越障示意图

a) 接触　b) 公转　c) 行走　d) 接触

（2）摇臂转向架式机构

摇臂转向架式机构（见图 2-34）最早由美国喷气推进实验室研发，并成功应用于一系列火星探测车上。这种悬架机构结构简单，可靠性高，通过摇臂和转向架平衡车体重心，能够被动地适应崎岖不平的地形。

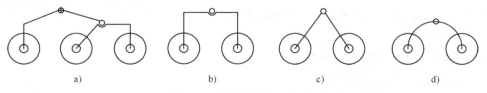

a)　　　　　　　　　b)　　　　　　　　　c)　　　　　　　　　d)

图 2-34　摇臂转向架式机构

a) 摇臂转向架机构　b) 直角摇臂　c) 三角摇臂　d) 圆弧形摇臂

摇臂转向架式的悬架机构及其衍化形式主要由主摇臂、副摇臂、前轮、中轮和后轮组成。摇臂根据其结构不同又可分为：直角摇臂、三角摇臂和圆弧形摇臂，如图 2-34 所示。直角摇臂运动单元相比三角摇臂单元的几何包容能力较好，而三角摇臂单元则具有较好的稳定性。

摇臂转向架式行走机构的越障过程具体为（见图 2-35）：①接触，前轮 1 与障碍刚接触时的状态；②攀爬，前轮 1 与中轮 2 开始攀爬障碍，直至前轮 1 爬至斜坡障碍最高点；③越障，前轮 1 越过障碍，在摇臂驱动下，中轮 2 和后轮 3 继续攀爬障碍，直至跨越障碍；④平走，后轮 3 越障后摇臂转向机构整体继续前行，使得整车完成越障。

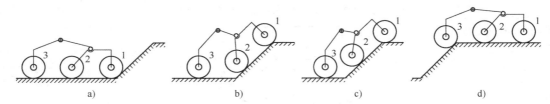

图 2-35 摇臂转向架式机构越障过程

a) 接触 b) 攀爬 c) 越障 d) 平走

（3）多节车轮式机构

多节车轮式机构是由多个轮式车体用轴关节或伸缩关节连接，构成其轮式行走机构。此类轮式行走机构较适合于崎岖道路和攀越障碍等，其主要通过多节车体的惯性和首节车轮的攀爬力实现攀爬障碍，再利用多节车之间的连杆保证车体的攀爬平衡，最终实现多节车配合越障后继续行进，如图 2-36 所示。

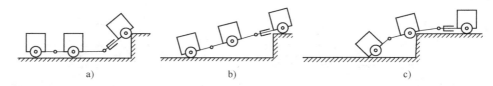

图 2-36 多节车轮式行走机构上台阶越障示意图

a) 攀爬 b) 越障 c) 平走

2.3.3 履带式

履带式行走机构是轮式移动机构的拓展，其通过在驱动轮和一系列滚轮外侧环绕循环履带，使车轮不直接与地面接触，而是通过循环履带与地面发生作用，再通过驱动轮带动履带，实现车轮在履带上的相对滚动的同时，履带在地面反复连续向前铺设，从而带动底盘运动。履带式行走机构与地接触面积大，压强小，与路面的黏着力较强，能提供较大的驱动力。根据履带的数量，可将履带式行走机构分为：单节双履带、双节双履带和多节多履带，如图 2-37 所示。

1. 履带式行走机构的组成与形状

（1）履带式行走机构的组成

履带式行走机构主要由履带、驱动链轮、支承轮、拖带轮和张紧轮组成，如图 2-38 所示。各个机构需具有足够的强度和刚度，并具有良好的行进和转向能力。履带底座采用对称布置，使得整个机械结构紧凑、稳定。驱动链轮通常分别与两电机相连，带动履带运动，控制两电机的运动速度和方向，实现前进、后退和转向。

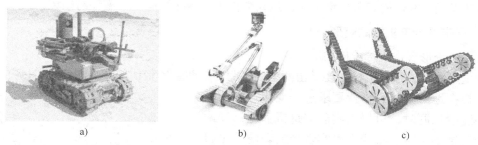

a)　　　　　　　　　　　b)　　　　　　　　　　　c)

图 2-37　履带式行走机构机器人

a) 单节双履带　b) 双节双履带　c) 多节多履带

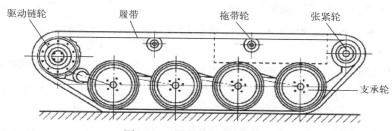

图 2-38　履带式行走机构组成

（2）履带式行走机构的形状

常见的履带式行走机构的形状有：一字形和倒梯形（见图 2-39），其中一字形履带式行走机构的驱动链轮与张紧轮兼作支承轮，使得支承地面的面积增大，改善了其稳定性。倒梯形履带式行走机构的支承轮和张紧轮装置略高于地面，履带引出与引入的角度约为 50°，此结构适合跨越障碍，并且可减少履带卷入泥沙造成的磨损与失效，使得驱动链轮和张紧轮的寿命延长。

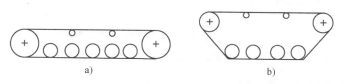

a)　　　　　　　　　　　　　b)

图 2-39　履带形状

a) 一字形履带　b) 倒梯形履带

2. 履带式行走机构的特点

与轮式行走机构相比，履带式行走机构的优点主要有：①以履带代替传统轮式行走，增大了机器与地面的单位接触面积，承载能力增大，机器下陷度较小，滚动阻力降低，使其具有良好的行驶及通过性能，降低了对行驶地面的损伤；②越野机动性较强，可在崎岖、松软或泥泞的地面行走，同时能跨越障碍物，攀爬高度较低的台阶，爬坡、越沟等性能均超越轮式行走机构；③履带支承面上的履齿增强了抓地能力，不易打滑，使其具有较好的牵引附着性，可发挥较大的牵引力。

履带式行走机构的缺点主要有：①由于没有自定位轮和转向机构，只能通过左右两个履带的速度差实现转弯，所以在横向和前进方向都会产生滑动；②转弯阻力大，不能准确地确定回转半径；③结构复杂，重量大，运动惯性大，减振性能差，零件易损坏。

3. 履带式行走机构的变形

（1）可变形履带式行走机构

可变形履带式行走机构主要是由两电动机驱动的两条履带构成（见图 2-40），并且其构形可以根据地形条件和作业要求进行变化。当两条履带的速度相同时，机器人实现前进或后退；当两条履带速度不同时，机器人可实现转向。随着主臂杆和曲柄的摇摆，整个履带可以随意变为各种类型的三角形形态，即其履带形状可以适应不同的运动和地势环境，这样会比普通履带机构的动作更为自如，从而使机器人的机体能够任意上下楼梯和越过障碍物。

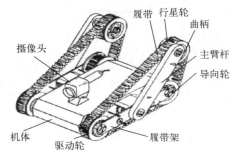

图 2-40 可变形履带式行走机构示意图

当遇到障碍物时，可变形履带式行走机构通过改变自身结构适应地形，其翻越障碍物的具体过程如下（见图 2-41）：①接触，即履带前端触碰到障碍物边缘；②攀爬，履带摆臂搭在障碍物上，车体在行走机构和摆动机构的共同作用下顺利爬上障碍物；③越障，当履带行驶至障碍物顶部边缘时，同样在摆动机构的作用下，将履带前端变形使其与障碍物底部接触；④触地，通过行走机构使车体实现地面、障碍物两点接触；⑤平地行进，在履带触地后，行走机构继续移动，带动机器人缓慢下爬直至履带恢复为平地行进状态。

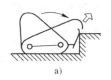 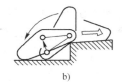 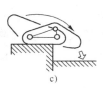 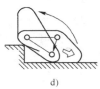 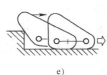

a)   b)   c)   d)   e)

图 2-41 可变形履带翻越障碍示意图

a) 接触 b) 攀爬 c) 越障 d) 触地 e) 平地行进

（2）位置可变履带式行走机构

位置可变履带式行走机构是指履带相对于车体位置可以随意变成前向或后向的多种位置组合形态，且位置的改变可以是一个自由度或两个自由度的（见图 2-42），从而实现攀爬楼梯等障碍，甚至跨越横沟。

位置可变履带式行走机构爬越台阶过程为（见图 2-43）：①接触，此时为履带前端接触台阶边缘，即准备攀爬；②攀爬，机器人借助摆臂的初始

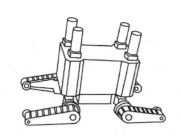

图 2-42 位置可变履带式行走机构示意图

摆角，在履带机构的驱使下，使其主履带前端搭靠在台阶的支承点上；③临界，此时机器人继续移动，驱动摆臂逆时针摆动，当机器人重心越过台阶边缘时，旋转摆臂关节，机器人在自身重力影响下，车体下移，机器人成功地爬越台阶；④爬升，机器人完成临界状态后，摇臂反方向运动，机器人底座继续原方向运动，此时机器人重心前移。当底座与台阶平齐，爬升过程结束；⑤平地行进，机器人攀越完成后，摆臂恢复到初始状态，机器人加速继续前进。

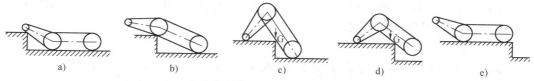

a)　　　　　b)　　　　　c)　　　　　d)　　　　　e)

图 2-43　位置可变履带式行走机构爬越台阶示意图

a) 接触　b) 攀爬　c) 临界　d) 爬升　e) 平地行进

2.4　机械结构设计实例

本节主要介绍如何通过 SolidWorks CAD 软件来制作一个结构件实例。整个结构围绕着 SolidWorks 应用程序的三种基本文件：零件、装配体和工程图展开，并将 SolidWorks 常用的操作和工具使用穿插其中加以简单介绍，若需更详细地学习各步操作，请参阅相关工具书籍。

2.4.1　SolidWorks 简介

SolidWorks CAD 软件是一款机械自动化设计的应用程序，如图 2-44 所示。用户使用它能快速地按照其设计思路绘制草图，尝试运用多种模型特性与不同尺寸，生成模型和工程图。SolidWorks 公司于 1995 年推出第一版 SolidWorks 三维机械设计软件，如今已发展成为领先的、主流的三维 CAD 解决方案。该设计软件的最初目标是为每一个工程师提供一套具有生产力的实体模型设计系统，在其强大的设计功能、丰富的组件和易学易用的操作协同作用下，使得整个产品设计完全可编辑，零件设计、装配设计和工程图之间全相关。

图 2-44　SolidWorks 2016 的主界面

2.4.2　SolidWorks 基础知识

本节主要介绍用户界面、草图、特征、装配体工程图和模型编辑等利用 SolidWorks 设计与制作实例时常用的基础知识。

1. 用户界面

SolidWorks 应用程序的用户界面包括菜单栏、设计树、功能区和绘图区等，能够帮助用户快捷、高效地生成和编辑模型。

（1）Windows 功能

SolidWorks 应用程序采用了熟悉的 Windows 功能，例如拖动窗口和调整窗口大小，以及许多相同的 Windows 图标，例如打印、打开、保存、剪切和粘贴等。

（2）SolidWorks 设计树

SolidWorks 设计树的管理器窗口主要包括：特征管理器（Feature Manager）、设计树图片属性管理器（Property Manager）和图片配置管理器（Configuration Manager）。

Feature Manager 用于设计零件、装配体或工程图的结构，如图 2-45a 所示。例如，从 Feature Manager 设计树中选择一个项目，以便编辑基础草图、编辑特征、压缩和解除压缩特征或零部件。

a)　　　　　　　　　　b)　　　　　　　　　　c)

图 2-45　SolidWorks 2016 设计树

a) Feature Manager　b) Property Manager　c) Configuration Manager

Property Manager 为草图、圆角特征、装配体配合等诸多功能提供设置，如图 2-45b 所示。

Configuration Manager 能够在文档中生成、选择和查看零件和装配体的多种配置，如图 2-45c 所示。例如，可以使用螺栓的配置设定不同的长度和直径。

（3）功能选择和反馈

SolidWorks 应用程序可通过多种方式来选择不同功能并执行任务。当执行某项任务时，例如绘制实体的草图或应用特征，SolidWorks 应用程序还会给出反馈，例如指针、推理线、预览等。

1）菜单。通过菜单可访问所有 SolidWorks 命令，如图 2-46 所示。SolidWorks 菜单使用 Windows 惯例，包括子菜单、指示项目是否激活的复选标记等，还可以通过单击鼠标右键打开相关快捷菜单。

图 2-46　菜单

2）工具栏。使用工具栏可以访问 SolidWorks 功能，如图 2-47 所示。工具栏按功能进行组织，例如草图工具栏或装配体工具栏。每个工具栏都包含用于特定工具的单独图标，例如旋转视图、回转阵列和圆。

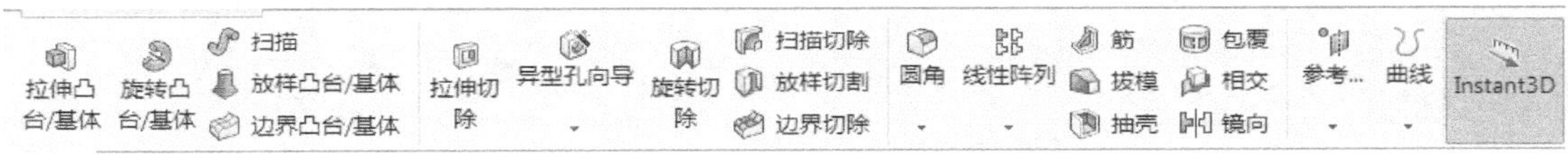

图 2-47　工具栏

工具栏可以显示或隐藏、将它们停放在 SolidWorks 窗口的四个边界上，或者使它们浮动在的屏幕上的任意区域。SolidWorks 软件可以记忆各个会话中的工具栏状态，也可以添加或删除工具以自定义工具栏。将鼠标指针悬停在每个图标上方时会显示工具提示。

3）Command Manager。Command Manager 是一个上下文相关工具栏（见图 2-48），它可以根据处于激活状态的文件类型进行动态更新。当单击位于 Command Manager 下面的选项卡时，它将更新以显示相关工具。对于每种文件类型，如零件、装配体或工程图，均为其任务定义了不同的选项卡。与工具栏类似，选项卡的内容是可以自定义的。例如，如果单击特征选项卡，会显示与特征相关的工具，也可以添加或删除工具以自定义 Command Manager。

图 2-48　Command Manager

4）快捷栏。通过可自定义的快捷栏（见图 2-49），可以为零件、装配体、工程图和草图模式创建自己的几组命令。要访问快捷栏，可以按用户定义的键盘快捷键，默认情况下是〈S〉键。

5）关联工具栏。当在图形区域中或在 Feature Manager 设计树中选择项目时，关联工具栏出现，如图 2-50 所示。通过它们可以访问在这种情况下经常执行的操作。关联工具栏可用于零件、装配体及草图。

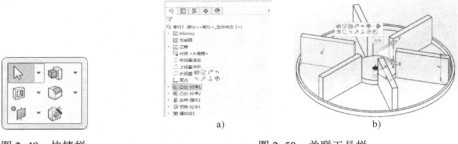

图 2-49　快捷栏

图 2-50　关联工具栏

a) Feature Manager 设计树　b) 图形区域

6）鼠标按键。鼠标按键可以使用以下方法操作：单击左键，选择菜单项目、图形区域中的实体以及 Feature Manager 设计树中的对象；单击右键，显示上下文相关快捷菜单；单击中键，旋转、平移和缩放零件或装配体，以及在工程图中平移；鼠标笔势，要激活鼠标笔势，可在图形区域中按照命令所对应的笔势方向以右键拖动。

当右键拖动鼠标时，有一个指南出现，显示每个笔势方向所对应的命令，且指南会高亮显示即将选择的命令，如图 2-51 所示。

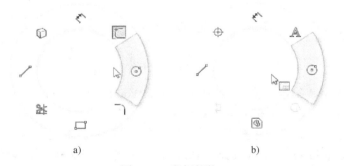

图 2-51　鼠标笔势

a) 8 种笔势的草图指南　b) 8 种笔势的工程图指南

7）控标。图形控标可在不离开图形区域的情况下，动态地拖动和设置某些参数，还可以使用 Property Manager 来设置数值，例如拉伸深度等，如图 2-52 所示。

2. 草图

草图是大多数三维模型的基础，如图 2-53 所示。通常，创建模型的第一步就是绘制草图，随后可以从草图生成特征。将一个或多个特征组合即生成零件。然后，可以组合和配合适当的零件以生成装配体。从零件或装配体，就可以生成工程图。

草图指的是二维轮廓或横断面。用户可以使用基准面或平面来创建二维草图。除了二维草图，还可以创建包括 X 轴、Y 轴和 Z 轴的三维草图。创建草图的方法有很多种。所有草图都包含以下元素：原点、基准面、尺寸和几何关系等。

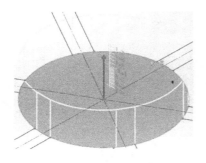

图 2-52　拉伸控标

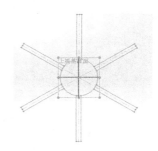

图 2-53　草图

3. 特征

完成草图以后，使用拉伸或旋转等特征来生成三维模型，如图 2-54 所示。有些基于草图的特征为各种形状，如凸台、切除、孔等。另外一些基于草图的特征（例如放样和扫描）则使用沿路径的轮廓。而不基于草图的特征称为应用特征，其主要包括：圆角、倒角或抽壳等。之所以称它们为应用特征是因为要使用尺寸和其他特性将它们应用于现有几何体才能生成该特征。一般可通过基于草图的特征（如凸台和孔）生成零件，然后继续添加应用特征。

4. 装配体

装配体是多个相关零件的集合（见图 2-55），该 SolidWorks 文件的扩展名为.sldasm。装配体最少可以包含两个零部件，最多可以包含超过 1000 个零部件。这些零部件可以是零件，也可以是称为子装配体的其他装配体。通过使用同心和重合等不同类型的配合，可以将多个零件集合为装配体。通过配合定义零部件的允许的移动方向，以及借助于移动零部件或旋转零部件之类的工具，可以看到装配体中的零件如何在三维空间中关联运转。为确保装配体正确运转，可以使用碰撞检查等装配体工具。通过碰撞检查，可以在移动或旋转零部件时发现其与其他零部件之间的碰撞。

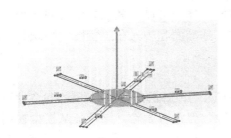

图 2-54　将草图拉伸 4.9cm

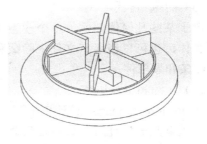

图 2-55　装配体

5. 工程图

工程图可以由零件或装配体模型生成。工程图提供有多个视图，例如标准三视图和等轴侧视图等，如图 2-56 所示，还可以从模型文件导入尺寸并且添加工程图注解（例如基准目标符号）等。

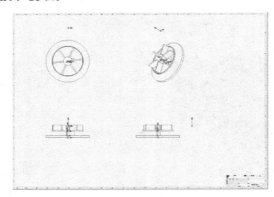

图 2-56　工程图

6. 模型编辑

使用 SolidWorks 的 Feature Manager 和 Property Manager 编辑草图、工程图、零件或装配体。还可以通过在图形区域中直接选择特征和草图来编辑它们。有了这种直观的方法，就不需要再知道特征的名称。编辑功能包括以下几种。

（1）编辑草图

在 Feature Manager 设计树中可以选择并编辑一个草图。例如，编辑草图实体、更改尺寸、查看或删除现有几何关系、在草图实体之间添加新几何关系或者更改显示尺寸。还可以在图形区域中直接选择要编辑的特征。

（2）编辑特征

在生成一个特征后，可以更改其大多数数值。使用编辑特征显示适当的 Property Manager。例如，如果对边线应用等半径圆角，则会显示圆角 Property Manager，可以在其中更改半径。还可以通过双击图形区域中的特征或草图使尺寸显示出来，然后以就地更改尺寸的方式来编辑尺寸。

（3）隐藏和显示

对于某些几何体，例如单个模型中的多个曲面实体，可以隐藏或显示其中一个或多个曲面实体，也可以在所有文件中隐藏和显示草图、基准面和轴，在工程图中隐藏和显示视图、线条和零部件。

（4）压缩和解除压缩

从 Feature Manager 设计树中可以选择任何特征，并压缩此特征以查看不包含此特征的模型。压缩某一特征时，该特征暂时从模型中移除，但没有删除。该特征从模型视图中消失。然后可以将此特征解除压缩，以初始状态显示模型。也可以压缩和解除压缩装配体中的零部件。

（5）退回

在处理具有多个特征的模型时，用户可以将 Feature Manager 设计树退回到先前的某个状态，如图 2-57 所示。移动退回控制条将显示至退回状态为止模型中存在的所有特征，直到用户将 Feature Manager 设计树返回至初始状态。退回功能可用于插入其他特征之前的一些特征、在编辑模型的同时缩短重建模型的时间或者学习以前如何生成模型。

2.4.3　制作零件

零件是每个 SolidWorks 模型的基本组件。要生成的每个装配体和工程图均由零件制作而成。在本节中，将通过零件的制作过程介绍 SolidWorks 中常用的一些工具的使用操作方法，通过此部分的学习可对 SolidWorks 的零件制作和常用工具的功能有大致的了解。

1. 圆形底座

制作此圆形底座主要使用了 SolidWorks 的常用工具——拉伸。

首先，选择"新建"，创建新的 SolidWorks 文件，如图 2-58 所示。然后，选择"零件"，单击"确定"按钮，即完成一个新零件的创建。

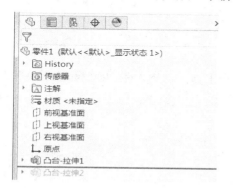

图 2-57　退回功能

图 2-58　新零件的创建

在生成拉伸特征之前，需要先绘制草图。首先选择"上视基准面"，然后在 SolidWorks 图形编辑区的右下角选择"CGS"，即确定尺寸单位为厘米、克、秒，如图 2-59a 所示。再到工具栏选择 ⊙，在上视基准面中绘制半径为 10cm、圆心坐标为（0，0）的圆。最后单击图形区域右上角的 ⤶，完成草图绘制，如图 2-59b 所示。

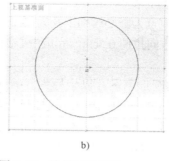

a)　　　　　　　　　　　　　b)　　　　　　　　　　　　　c)

图 2-59　绘制圆形底座

a) 选择度量单位　b) 绘制草图圆　c) 圆形底座的等轴测视图

绘制圆形草图之后，使用拉伸工具生成三维的圆底座特征。首先选择"特征工具栏"的"拉伸凸台"命令，然后单击要拉伸的圆，在 Property Manager 中输入深度为 1cm，选择拉伸方向为垂直于圆的方向。最后单击图形编辑区右上角的 ✓，完成拉伸草图在垂直于草图基准面的方向拉伸了 1cm，此模型的等轴测视图如图 2-59c 所示。

2. 电机模型

电机模型的制作与上述圆形底座的制作过程类似，只是草图形状有所不同，主要也使用了 SolidWorks 的拉伸凸台操作。

首先，建立新的零件文件。然后，选择"上视基准面"，选择单位为"CGS"，再到工具栏选择 □，绘制宽 1.5cm、长 3.5cm 的矩形草图。同样，使用拉伸凸台操作，将矩形草图在垂直于草图基准面的方向拉伸 2cm，完成电机模型机体的制作。

电机主体制作完成后，同样利用拉伸操作完成电机轴的制作。首先，选择电机主体的顶部面，再到工具栏选择 ⊙，绘制半径为 0.15cm 的圆形草图。然后，使用拉伸凸台操作，将圆形草图在垂直于草图基准面的方向拉伸了 0.4cm，完成电机轴的制作，如图 2-60 所示。

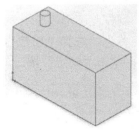

图 2-60　电机模型的等轴测视图

3. 载物架

载物架的制作除了使用了 SolidWorks 的拉伸凸台工具，还有线性阵列、放样凸台和切除拉伸，如图 2-61 所示。

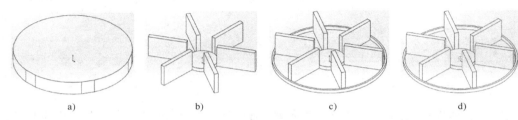

图 2-61　载物架设计方法

a) 拉伸凸台　b) 拉伸凸台和线性阵列　c) 放样凸台　d) 切除拉伸

载物架的具体制作过程如下。

（1）制作中心圆盘基座

首先选择上视基准面的原点为圆心绘制半径为 2cm 圆形草图。然后利用拉伸凸台将圆形草图在垂直于草图基准面的方向拉伸 0.5cm，完成中心圆盘基座的制作，如图 2-61a 所示。

（2）制作载物隔挡

首先选择上视基准面的圆形草图，以坐标为（0，0.5）的边界为切点绘制长 5cm、宽 0.5cm 的矩形草图，再利用线性阵列中的圆周线性阵列将矩形间隔 60° 旋转，完成 6 个矩形环绕圆形的草图。然后利用拉伸凸台将 6 个矩形草图在垂直于草图基准面的方向拉伸 2.5cm，完成载物隔挡的制作，如图 2-61b 所示。

（3）制作载物围栏

首先选择中心圆盘基座的上下两个圆面所在基面，分别绘制半径为 7cm 的同心圆草图。然后选中两个同心圆为轮廓，利用放样凸台工具设置薄壁特征为 0.2cm，完成载物围栏的制作，如图 2-61c 所示。

（4）制作中心圆盘基座插孔

首先选择中心圆盘基座的顶部圆面的圆心，在其所在基面绘制半径为 0.25cm 同心圆草图。然后，选中此同心圆，利用切除拉伸，选择切除方向为成形到顶点，完成中心圆盘基座插孔的制作，如图 2-61d 所示。

2.4.4 组建装配体

上述的圆盘底座、电机模型和载物隔挡三个零件制作完成后，可利用 SolidWorks 的组装文件将其装配在一起生成装配体。

1. 新建装配体文件

首先，新建 SolidWorks 文件，选择装配体，如图 2-62 所示。然后，添加上述三个零件，并根据最终装配结果预先排列其大致位置。

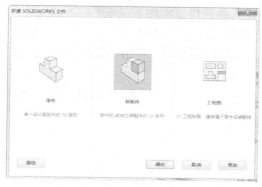

图 2-62　新建装配体文件

2. 装配零件

零件加载完毕后，根据预期装配结果依次装配各零件。本节装配上述三个零件的具体过程为：

1）装配电机模型和圆盘底座。首先固定圆盘底座。然后选中圆盘底座的上顶面和电机机体的底面，利用重合配合工具将电机模型放置于圆盘底座上。再选中电机轴顶的圆心和圆盘底座的圆心，利用同心配合工具将电机模型置于圆盘底座的中心。

2）将载物圆盘装配在第一步装配的结果上。首先，选中载物圆盘的插口上截面和电机轴的上截面，利用同心配合工具使得载物盘与电机轴同轴。然后，选中载物架中心圆盘的上截面与电机轴的上截面，利用重合配合工具将载物圆盘装配至电机轴上。

至此，三个零件的装配完毕，如图 2-63 所示。

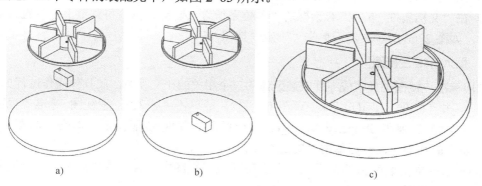

a)　　　　　　　　　b)　　　　　　　　　c)

图 2-63　零件的装配

a) 添加零件　b) 装配过程　c) 装配结果

装配体完成后，将其可另存为.stl 文件（见图 2-64），发送至 3D 打印机即可打印装配体模型。

2.4.5　生成工程图

SolidWorks 可为设计的实体零件和装配体建立工程图。零件、装配体和工程图是互相链接的文件，即对零件或装配体所做的任何更改会使得工程图文件的对应部分同步变更。本节以 2.4.4 节组建的装配体为例生成其工程图。

1．创建新的工程图文件

创建新的工程图文件的具体操作过程如下：

1）单击"新建 🗋 "（标准工具栏），或单击"文件"→"新建"。

2）在新建 SolidWorks 文档对话框中，单击"工程图"，如图 2-65 所示，然后单击"确定"按钮。

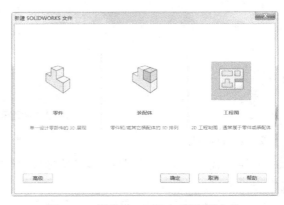

图 2-64　装配体另存为.stl 文件　　　　图 2-65　新建 SolidWorks 工程图文件

2．设置绘图标准和单位

在开始绘制工程图之前，需设置文件的绘图标准和测量单位，其具体操作如下：

1）单击"选项 ⚙ "（标准工具栏），或者单击"工具>选项"。

2）在对话框中，选择"文档属性"选项卡。

3）在"文档属性-绘图"标准对话框的"总绘图标准"中，选择 ISO。

4）在"文档属性-单位"对话框的"单位系统"，选择 CGS，将测量单位设置为厘米、克、秒，如图 2-66 所示，然后单击"确定"按钮。

3．插入标准三视图

利用标准三视图工具生成零件或装配体的三个相关的正交视图，其具体操作过程如下：

1）单击"标准三视图 🔡 "（工程图工具栏），或单击"插入>工程视图>标准三视图"。

2）在标准三视图 Property Manager 中要插入的零件/装配体下，单击"浏览"，选择 2.4.5 节建立的装配体，然后单击"确定"按钮。

2.4.5 节建立的装配体的标准三视图出现在该工程图中，且视图采用前视、上视和左视方向，如图 2-67 所示。

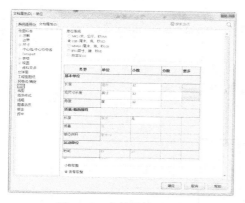

图 2-66　文档属性对话框

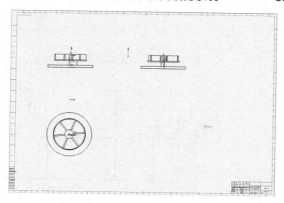

图 2-67　装配体的标准三视图

4. 插入等轴测模型视图

插入模型视图时，可以选择要显示的视图方向。本节选择插入装配体的一个等轴测模型视图，如图 2-68 所示。

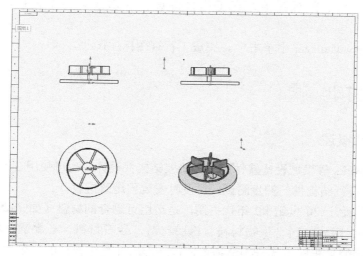

图 2-68　插入等轴测视图的工程图

1）单击"模型视图 🖼"（工程图工具栏），或单击"插入"→"工程视图"→"模型"。

2）在模型视图 Property Manager 中的要插入的零件/装配体下，选择装配体并双击。

3）在 Property Manager 中：在方向下单击"*等轴测 📦"；在显示样式下单击"带边线上色 🗋"。

4）在图形区域中，在图纸的右下角单击以放置此工程视图，然后单击 ✔。

5. 给工程视图标注尺寸

在此过程中，使用 SolidWorks 的自动标注尺寸给工程视图标注尺寸，如图 2-69 所示。

1）单击"智能尺寸 ✐"（尺寸/几何关系工具栏），或单击"工具"→"尺寸"→"智能"。

2）在尺寸 Property Manager 中，选定自动标注尺寸选项卡；在要标注尺寸的实体下，单击"所选实体"；在水平尺寸下，选择"视图以上"；在竖直尺寸下，选择"视图左侧"。

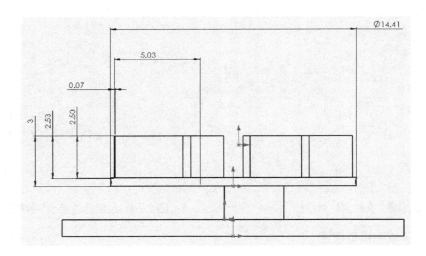

图 2-69　前视图已标注尺寸

3）在图形区域的前视图中，在工程视图边界（虚线）与工程视图之间的空白处单击。

4）在 Property Manager 中单击✔，完成工程视图标注尺寸。

2.5　3D 打印

2.5.1　3D 打印概述

通过 SolidWorks 等机械设计软件完成机器人结构件设计后，可使用 3D 打印机快速制作出结构件实物，进行结构件的初步测试，可及时发现问题改进设计。

3D 打印技术始于 20 世纪 90 年代中期，是运用可黏合的材料（如光敏树脂材料、工程塑料、金属材料、陶瓷材料、生物材料、橡胶材料、砂石材料、石墨烯材料、纤维素材料等），通过逐层堆叠累积的方式来构造物体，最终形成计算机设计的三维实物。该技术在工业设计、土木工程、汽车、航空航天、医疗、教育等领域都有广泛应用。3D 打印机就是可以"打印"出真实的三维物体的一种设备，比如打印机器人、玩具车、各种模型等。之所以通俗地称其为"打印机"是参照了普通打印机的技术原理，因为分层加工成型的过程与喷墨打印十分相似。下面以常见的 FDM（热熔堆积固化成型法）3D 打印机为例，介绍如何通过 3D 打印机将机械设计文件打印制作成实物。

2.5.2　3D 打印步骤

通过 3D 打印机制作实物一般过程为：使用 CAD 等建模软件来创建物品的三维立体模型，然后通过数据线、SD 卡或 U 盘等方式将模型文件传送到 3D 打印机中，进行打印设置，最后打印出三维实物。

3D 打印的具体步骤如下。

1. 建模

3D 建模通俗来讲，就是通过三维制作软件在虚拟三维空间种构建出具有三维数据的模型，并保存为 STL、OBJ、AMF、3MF 等格式的 3D 打印文件，其中 STL 和 OBJ 格式最为常用。例如，打印一辆汽车，则需要有汽车的 3D 打印模型。目前常用的获取 3D 模型的方法有：

（1）网络下载模型

现在网上有较多的 3D 模型网站，通过这类网站可以下载到各种各样的 3D 模型，而且多数模型无须再编辑即可直接 3D 打印。

（2）逆向 3D 建模

逆向 3D 建模是利用 3D 扫描仪对实物进行扫描，得到能精确描述物体等三维结构的一系列坐标数据，然后加工修复，最后将其输入 3D 软件中即可得到物体的 3D 模型。

（3）软件建模

目前，市场上有较多的 3D 建模软件，比如 AutoCAD、SolidWorks 等第三方 3D 建模软件，以及部分 3D 打印机厂商提供的 3D 模型制作软件。3D 建模软件具体可细分为：机械设计软件（如 UG、Pro/E、CATIA、SolidWorks 等）、工业设计软件（如 Rhino、Alias 等）、CG 设计软件（如 3dMax、MAYA、Zbrush 等）。通过 3D 建模软件可对实物进行三维建模，大大简化了产品设计以及三维打印工作。

2. 切片处理

切片处理是指将 3D 模型分成厚度相等的多层结构（见图 2-70），分好的层即是 3D 打印的路径。分层的厚度决定了 3D 打印的精度，一般厚度为 100μm，即 0.1mm。切片处理是 3D 模型和 3D 打印机之间的中间驱动和路径规划以及计算环节。通过切片软件（主要有 Simplify3D、Cura、Flashprint 等）即可得到 Gcode 格式的切片文件。部分软件不具备通用性，需要结合具体的打印机选择。

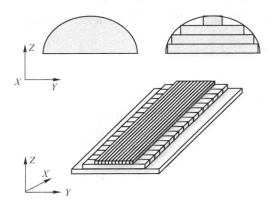

图 2-70　切片处理示意图

3. 打印过程

启动 3D 打印机，通过数据线、SD 卡等方式将 Gcode 切片文件传送给 3D 打印机，同时，装入 3D 打印材料，调试打印平台，设定打印参数，然后打印机开始工作，打印材料会逐层地打印出来，层与层之间通过特殊的胶水进行黏合，并按照横截面将图案固定住，最后一层一层叠加起来，就完成了一个立体物品的打印。经过分层打印、层层黏合、逐层堆砌，一个完整的物品就被打印出来了。

4．后期处理

3D 打印完成之后，为提高模具成型强度及延长保存时间，需要将打印的物品静置一段时间，使得成型的切片和黏结剂之间通过交联反应、分子间作用力等作用固化。此外，为满足个性化需求，3D 打印物品还需要进行抛光、上色等后期处理。

3D 打印出来的物品表面有时会因模型设计或打印材料等问题造成其表面比较粗糙，此时需要进行表面抛光。此外，抛光后的物品也更易于后续的上色处理。常见的抛光方法主要有砂纸打磨、表面喷砂和蒸汽平滑。

彩色 3D 打印技术自 2005 年问世以来，为广大用户提供了许多全新设计和制造解决方案，但从其目前市场推广来看，彩色 3D 打印对于普通用户来说依然有较高的门槛，而要让 3D 打印的单色模型更具表现力，则需要对打磨后的模型进行上色处理，上色方法主要有：手工上色、浸染上色、喷漆上色、电镀上色、纳米喷镀上色。

习题

1．机械结构常用的驱动方式有哪些？各自特点是什么？

2．机械臂主要由哪几部分组成？其基本关节组成包含哪几种？

3．机器人传动机构的基本要求是什么？

4．与齿轮传动相比，带传动的主要优点有哪些？

5．多足机器人的腿部机构设计的基本要求是什么？

6．与轮式等行走机构相比，履带式行走机构的优点主要有哪些？

7．请使用 Solidworks 生成螺栓、平垫、螺母、装配体及其工程图，各详细参数如图 2-71 和图 2-72 所示。

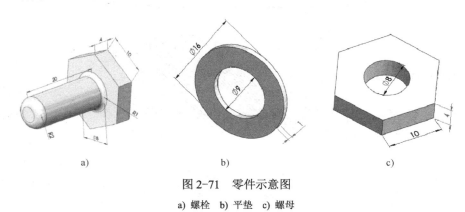

图 2-71　零件示意图

a) 螺栓　b) 平垫　c) 螺母

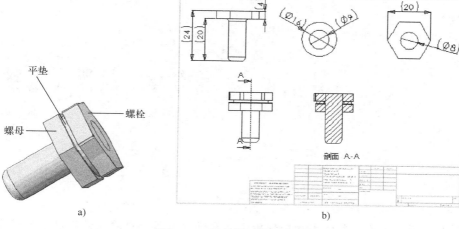

图 2-72　装配体及其工程图

a) 装配体　b) 装配体工程图

　　机器人是模仿人或者其他生物制作出来的自动化机器，机器人的运动不仅需要机械结构的支持，还需要电源系统和电路的驱动。本章重点介绍机器人的供电方式、驱动系统以及常用的电路接口等电路设计。

　　本章从机器人的电源系统、机器人驱动系统、机器人常见电路接口、机器人处理器和机器人中的串口通信等五个方面进行介绍。

3.1　机器人的电源系统

　　机器人的电源系统为机器人上所有控制子系统、驱动及执行子系统提供电源。通常小型或微型机器人采用直流电压源作为电源；同时机器人大多要移动，所以本节重点介绍常见的锂电池、直流稳压电源及其充电装置。

3.1.1　机器人供电方式

　　机器人常见的供电方式有电缆供电方式、发电机供电方式和电池供电方式等。

1. 电缆供电方式

　　电缆供电主要用于功率较大的机器人，通常对机器人外接电缆线，以提供电源。如图 3-1 所示的水下机器人。电缆供电的优点在于它可以让机器人在特定的工作环境下工作较长时间，但是也有移动范围有限的缺点。

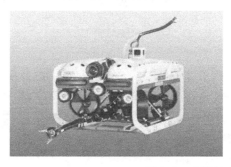

图 3-1　电缆供电的水下机器人

2．发电机供电方式

对于移动范围较大，且需大功率、长时间供电的机器人，通常可以采用发动机供电方式。这种供电方式，一般采用汽油机和柴油机，一方面，可直接作为动力源驱动机器人运动；另一方面，又可以带动发电机发电，为机器人提供电能。图 3-2 为一款消防机器人，由发电机供电，通过水管喷水完成灭火工作。

图 3-2　发电机供电的消防机器人

3．电池供电方式

对于小型移动机器人，为了减轻重量，提高灵活性，一般采用电池供电方式，如图 3-3 所示的机器人即采用了电池供电方式。

图 3-3　采用电池供电的轮式和足式机器人

3.1.2　锂电池

小型移动机器人目前使用最多的是可充电、可重复使用的锂电池。锂电池是一类由锂金属或锂合金作为正/负极材料、使用非水电解质溶液的电池，它是靠锂离子在正负极之间的转移来完成电池充放电工作的。

1．锂电池外形结构

锂电池按外形可分为方形锂电池和柱形锂电池；按外包材料可以分为铝壳锂电池、钢壳锂电池和软包锂电池；按正负极材料（添加剂）可以分为钴酸锂或锰酸锂电池、磷酸铁锂电池和一次性二氧化锰锂电池。锂电池还分成可充电和不可充电两类。图 3-4 给出了几种常见锂电池的外形。

图 3-4　常见锂电池外形

锂电池一般包括正极、负极、电解质、隔膜、正极引线、负极引线、中心端子、绝缘材料和电池壳等，结构上主要分卷绕式和层叠式两大类。卷绕式将正极膜片、隔膜、负极膜片依次放好，卷绕成圆柱形或扁柱形。层叠式则按正极、隔膜、负极、隔膜、正极这样的方式多层堆叠，基本成方形。将所有正极焊接在一起引出，负极也焊接在一起引出。锂电池的结构如图 3-5 所示。

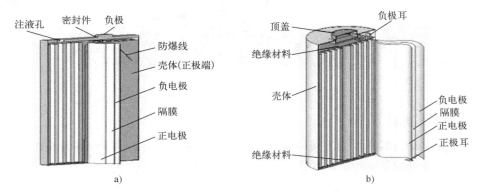

图 3-5　锂电池常见的结构图

a) 层叠式　b) 卷绕式

锂电池和普通电池相比具有很多优点：

1）能量比高，具有高储存能量密度，目前已达到 460～600W·h/kg，是铅酸电池的 6～7 倍。

2）使用寿命长，使用寿命可达 6 年以上。

3）额定电压高（单体工作电压为 3.7V 或 3.2V）。

4）自放电率很低，无记忆效应。

5）重量轻，相同体积下重量只有铅酸产品的 1/5～1/6。

6）高低温适应性强，可以在-20℃～60℃的环境下使用，经过工艺上的处理，甚至可以在 -45℃环境下使用。

7）绿色环保，不论生产、使用和报废，都不会产生铅、汞、镉等有毒有害重金属元素和物质。

锂电池长时间使用也会出现一些问题，例如：电池端电压不均匀（主要是对锂电池组）、电池壳变形、电解液渗漏、容量不足、无法充电、发热进而燃烧乃至爆炸等现象。锂电池性能下降的原因有：锂电池长期浮充，造成锂离子的失散，有机电解液的减少；均充频繁，造成有机电解液的干涸、加快正负极板栅腐蚀；大电流放电或过放电，造成极板变形、反应激烈等。由于锂电池的电解液是有机液体，再加上电解质锂金属非常活跃，因此电池必须密封。

2. 锂电池的主要参数

1）电池容量。电池的容量由电池内活性物质的数量决定，通常用毫安时（mA·h）或者安时（A·h）表示。例如 1000mA·h 就是能以 1000mA 的电流放电 1 小时。电池的容量越大，固定电流大小输出时，使用时间越长。

2）标称电压。电池正负极之间的标准电势差称为电池的标称电压。标称电压由极板材料的电极电位和内部电解液的浓度决定。一般情况下单节锂离子电池电压为 3.7V，磷酸铁锂电池电压为 3.2V。当机器人供电所需要电压较大时，可由锂电池串联而成，一般两节锂电池串联而成的为 2S 电池，可以提供的电压大小为 7.4V。三节锂电池串联而成的为 3S 电池，四节锂电池串联而成的为 4S 电池，依次类推。

3）充电终止电压。电池充满电时，极板上的活性物质已达到饱和状态，再继续充电，电池的电压也不会上升，此时的电压称为充电终止电压。一般单节锂离子电池的充电终止电压为 4.2V。

4）放电终止电压。放电终止电压是指锂电池放电时允许的最低电压。放电终止电压和放电率有关，一般单节锂离子电池的放电终止电压为 2.7V，如果电压低于终止电压，继续持续放电，电池会损坏，不能继续使用。

5）电池内阻。电池的内阻由极板的电阻和离子流的阻抗决定，在充放电过程中，极板的电阻是不变的，但离子流的阻抗将随电解液浓度和带电离子的增减而变化。一般来讲单节锂离子电池的内阻变化范围为 80～100mΩ。

6）自放电率。自放电率是指在一段时间内，电池在没有使用的情况下，自动损失的电量占总容量的百分比。常温下，锂离子电池自放电率一般为每月 5%～8%。

锂电池在使用时一定要按照标准的时间和程序充电。不能出现过充现象，否则会影响电池寿命和发生危险。另外，锂电池如果长期不使用，应及时取出，置于阴凉干燥处，避免潮湿和高温环境。

3. 锂电池的接插口

锂电池选用的时候要注意锂电池的接插口和用电设备接插口是否一致，必须一致才能使用。锂电池的接插口型号有 T 口、T60 口和品字形口等，如图 3-6 所示。如果接插口不一致，需要使用转换头，如图 3-7 所示。

a)　　　　　　　　　b)　　　　　　　　　c)

图 3-6　锂电池接插口

a) T 口　b) T60 口　c) 品字形口

图 3-7 转换头

3.1.3 直流稳压电路

由于电池在使用过程中，电压可能不能稳定在某个固定的值，或者电压与后续设备之间不匹配，所以通常需要在供电系统里增加稳压电路，保证机器人工作电压始终保持不变。稳压方法有很多，这里列举几种最常见的方法。

1. 稳压二极管构成的稳压电路

稳压二极管是一种简单经济的电压调整器件，可用于实际工作电流不大的电路（一般为1A 或者 2A）。典型的应用电路如图 3-8 所示，稳压管工作时有三个条件：①加在稳压管两端的电压为负电压；②稳压管两端电压要大于击穿电压的绝对值；③电流要保证在正常的工作范围内，若低于最低限流值，稳压管实现不了稳压，若高于最高限流值，稳压管会被烧坏。

稳压二极管有多种电压规格，如 3.3V、5.1V、6.2V 等。5.1V 的稳压电路适合使用 5V左右电压的电路。稳压二极管的标定有 1%和 5%两种误差，需要精确稳压时，应选用误差为 1%规格的稳压二极管。

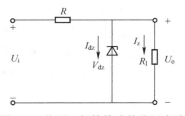

图 3-8 稳压二极管构成的稳压电路

为了保证稳压管工作在额定功率，一般稳压管工作时，会借助电阻限制流过稳压管的电流。电阻的取值要遵循以下原则：

1）计算输入电压与稳压二极管的额定电压之间的压差。举例说明：假定输入电压是7.2V，使用的是 5.1V 的稳压二极管，则压差为 7.2V-5.1V=2.1V。

2）确定电路的总电流。为了使稳压管可靠工作，电流需要增加一倍的余量。举例说明：稳压管的额定电流是 100mA，那么总电流大小为 0.1A×2=0.2A。

3）通过压差和总电流确定分流电阻的阻值，即 2.1V/0.2A=10.5Ω，可见阻值最接近的是标准的 10Ω 电阻，这个阻值已经足够满足实际需要了。

4）确定电阻的功率。用第 1）步中压差乘以确定的电流消耗算出电阻的功率，即2.1V×0.2A=0.42W，电阻功率常以分数形式来表示，如 1/8W、1/4W、1/2W、1W、2W 等。按照等于或者大于计算值的标准来确定电阻功率，在本例中，确定的电阻功率为 1/2W。

2．线性稳压器构成的稳压电路

与稳压二极管相比，固定线性稳压器使用起来更加灵活，有多种规格和输出特性可供选择，两种最常见的稳压器是 W78XX 和 W79XX，分别输出正负 XXV 的电压。例如，7805输出 5V 的电压，7905 输出负 5V 电压。在使用时，需要按图 3-9 所示把线性稳压器连接到电路中。通常还需要在输入、输出与地线之间接入一些电容器，这些电容器起滤波作用。

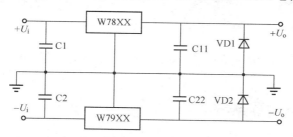

图 3-9　线性稳压器构成的稳压电路

3．集成式直流稳压模块

集成式直流稳压模块是将稳压芯片或者稳压管及外围电路集中在一个模块上，稳压模块在选用时不需要考虑内部电路的构成，只需要注意输出电压、输入电压和最大输出电流参数。以常用的 LM2596 直流稳压模块为例，它的外形结构如图 3-10 所示。其输入电压为直流 3～40V（输入电压必须比输出电压高 1.5V 以上），输出电压为直流 1.5～35V，电压连续可调，高效率最大输出电流为 3A。

图 3-10　LM2596 直流稳压模块

3.1.4　充电装置

电池的充电装置分为电源部分和充电器部分。电源按稳压对象不同可分为直流稳压电源和交流稳压电源。由于对电池充电需要的是直流电压，所以电源的输出电压应为直流，因此选用直流稳压电源。直流稳压电源一般由变压、整流、滤波和稳压四个电路部分组成。电池充电器多采用专用充电集成电路。由于移动机器人供电主要采用锂电池，故这里重点介绍锂电池充电器的技术参数及种类。

锂电池充电器专门用来为锂离子电池充电。锂离子电池对充电器的要求较高，需要保护电路，所以锂电池充电器通常有较高的控制精密度，能够对锂离子电池进行恒流恒压充电。

常见锂电池充电器有两种类型。图 3-11 所示的 B3 充电器，一般也叫简易充电器，可以充 2S/3S 电池；图 3-12 所示的 B6 充电器，可为 2S/3S/4S 充电，但每次只允许插入一种电池。

图 3-11　B3 充电器

图 3-12　B6 充电器

3.2　机器人驱动器系统

机器人驱动器是用来使机器人发出动作的动力机构。机器人驱动器可将电能、液压能和气压能转化为机器人的动力。该部分的作用相当于人的关节及肌肉。

驱动器主要有电气驱动器、液压驱动器和气动驱动器等。对于小型机器人使用较多的是电气驱动器，本节详细介绍电动机、步进电动机、舵机这几种常用的电气驱动器。

3.2.1　电动机

电动机（俗称"马达"）是指依据电磁感应定律实现电能转换或传递的一种电磁装置，它的主要作用是产生驱动转矩，作为用电器或各种机械结构的动力源。

1．电动机的分类

按工作电源划分，电动机可分为直流电动机和交流电动机。直流电动机由直流电供电，而交流电动机由交流电供电。

按结构及工作原理划分，电动机可分为无刷电动机和有刷电动机，两者的区别在于是否包含电刷。有刷电动机是指无须自身带励磁机（也可自带励磁绕组），由晶闸管直接整流控制，供给转子线圈，这样必须由电刷换向才能实现转子线圈的转动。无刷电动机不使用机械的电刷装置，采用方波自控式永磁同步电动机，以霍尔传感器取代碳刷换向器。与有刷电动机相比，无刷电动机具有高效率、低能耗、低噪声、超长寿命、高可靠性、可伺服控制且简单易用等特点。

2．电动机的型号及参数

（1）电动机型号

电动机型号是描述电动机名称、规格、型号等而采用的一种代号，是由电动机类型代号、特点代号和设计序号等三部分顺序组成。电动机类型代号通常为 Y 或 T，其中 Y 表示异步电动机，T 表示同步电动机。电动机特点代号通常为表征电动机的性能、结构或用途而采用的字母，如 B 表示隔爆型、YEJ 表示电磁制动式、YD 表示变极多速式等。设计序号包含中心高、铁心外径、机座号、凸缘代号、机座长度、铁心长度、功率、转速或级数等。例如电动机型号为 Y2-B-160 M1 8，其中 Y 表示机型为异步电动机，2 表示两次基础上改进设计的产品，EXE 表示增安型，160 表示中心高，是轴中心到机座平面高度，M1 表示机座长度规格，8 为极数，"8"是指 8 极电动机。

（2）参数

电动机常用参数有功率、电压、电流、频率、转速和工作定额等。

功率表示电动机运行时电动机轴上输出的额定功率，单位为 kW 或 HP（1HP=0.736kW）。

电压表示直接到定子绕组上的额定线电压，电动机有Y形和△形两种接法，其接法应与电动机规定的接法相符。

频率指电动机所接交流电源的频率。

电流表示电动机在额定电压和频率下，输出额定功率时定子绕组的额定三相线电流。

转速指的是电动机在额定电压、额定频率、额定负载下，电动机每分钟的转速（r/min）；工作定额指电动机运行的持续时间。

3. 直流电动机

输出或输入为直流电能的旋转电动机，称为直流电动机。它利用磁场和导体的相互作用将电能转换为旋转机械能，常用于连接机器人的轮子，驱动轮式机器人的行走。图 3-13 为常见的直流电动机。其中图 3-13a 为 1 拖 2 式电动机，即 1 个电动机同时驱动机器人的两个轮子，以此减少机器人使用电动机总数。

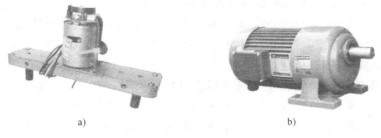

a)   b)

图 3-13 直流电动机

a) 1 拖 2 式电动机 b) 普通电动机

直流电动机的接口一般包含 VCC、GND 和信号口，正常情况下电动机只要通电就能工作。电动机可以正转或反转，当电动机正接到电源时，电动机正转，当反接到电源时，电动机反转，这样可以实现小车的前进或后退。当电源恒定时，如果需要调整电动机速度，可以借助数字电位器或者单片机产生频率和周期可调的 PWM 信号，然后将 PWM 信号接到信号口，改变电动机的供电电压和频率，就可以实现调速功能。

4. 步进电动机

步进电动机是将电脉冲信号转变为角位移或线位移的开环控制电动机。在非超载的情况下，步进电动机的转速和停止位置只取决于脉冲信号的频率和脉冲数，而不受负载变化的影响。

步进电动机分三种，永磁式（PM）、反应式（VR）和混合式（HB）。步进电动机使用时需要考虑相数，也就是电动机内部的线圈组数。永磁式步进电动机一般为两相，转矩和体积较小，步进角一般为 7.5°或 15°；反应式步进电动机一般为三相，可实现大转矩输出，步进角一般为 1.5°，但噪声和振动都很大；混合式步进是指混合了永磁式和反应式的优点，分为两相和五相，两相步进角一般为 1.8°而五相步进角一般为 0.72°，这种步进电动机的应用最为广泛。

　　步进电动机使用时需要步进电动机驱动器。当步进驱动器接收到一个脉冲信号时，它驱动步进电动机按设定的方向转动一个固定的角度（步距角）。由于步进电动机的旋转是以固定的角度一步一步进行的，可以通过控制脉冲个数来控制角位移量，从而达到准确定位的目的，同时可以通过控制脉冲频率来控制电动机转动的速度和加速度，从而达到调速的目的。步进电动机以离散的步长或增量移动，特别适合需要精确定位的应用场合。步进电动机如图 3-14 所示。

图 3-14　步进电动机

3.2.2　舵机

　　舵机是指在伺服系统中控制机械元件运转的执行部件，是一种补助电动机间接变速装置。舵机由直流电动机、位置传感器和控制器组成，用于精确定位和高转矩时的转速控制。舵机通过与位置传感器级联封装的电位计控制角位移，主要用于机械臂、抓手等需要固定角位移的应用中。典型的舵机如图 3-15 所示。

　　舵机将电压信号转换为转矩和转速以驱动控制对象，转速随着转矩的增加而匀速下降，控制速度及位置相对精准。在自动控制系统中，舵机常用作执行元件，具有机电时间常数小、线性度高等特性。舵机主要包含舵盘、减速齿轮组、位置反馈电位计、直流电动机、控制电路等，如图 3-16 所示。它的体积紧凑，便于安装；输出转矩大，稳定性好；控制简单，便于和数字系统接口。

图 3-15　典型的舵机

图 3-16　舵机的结构及组成

　　按照工作原理，舵机可分为速度舵机和角度舵机，速度舵机是调整速度的舵机，可以作为小车轮子的驱动设备，角度舵机是调整角度的舵机，一般分为 90°、180° 和 270° 等，可以作为机械臂和抓手的驱动设备。

按照控制方式，舵机可分为模拟舵机和数字舵机。模拟舵机和数字舵机主要有两点不同：①数字舵机的控制电路比模拟舵机多了微处理器和晶振；②处理输入信号的方式不同，数字舵机只需要接收一次指令就能保持角度不变，模拟舵机需要不断接收指令才能保持角度不变。

1．舵机的接口及供电方式

舵机的输入线共有三条，一般情况下，红色为电源线；黑色（或棕色）为地线；白色（或橙色）为信号线，用于调速。舵机电源有两种规格，分别是 4.8V 和 6.0V，对应不同的转矩标准，即输出转矩不同，6.0V 对应的转矩要大一些，需要根据实际情况选用。

2．舵机的工作原理

控制电路接收来自信号线的控制信号，控制电动机转动，电动机带动一系列齿轮组，减速后传动至输出舵盘。电动机的输出轴和位置反馈电位计是相连的，舵盘转动的同时，带动位置反馈电位计，电位计将输出一个电压信号到控制电路，进行反馈，然后控制电路根据所在位置决定电动机的转动方向和速度，从而使目标停止，具体控制流程如图 3-17 所示。

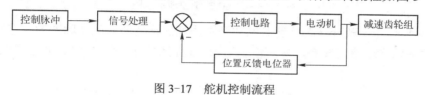

图 3-17 舵机控制流程

3.2.3 PWM 控制

轮式机器人、履带式机器人的主体行走部分，选用电动机驱动、步进电动机驱动或速度舵机驱动，其中电动机驱动主要适用于要求速度偏快的场合，步进电动机和速度舵机主要适用于精度要求偏高的场合。机械臂、足式机器人主体行走部分，主要选用角度舵机驱动，角度舵机分为 90°、180° 和 270°，根据需要选择即可。

电动机和舵机使用时都需要借助 PWM 波。这里将电动机和舵机统称为驱动器。PWM（脉冲宽度调制）的基本原理是通过占空比变化实现能量、信号等参数的调节。PWM 可以通过改变驱动器电枢电压接通与断开的时间比来控制驱动器的转速。电压或电流源是以一种通（ON）或者断（OFF）的重复脉冲序列被加到模拟负载上的。通的时候即直流供电被加到负载上的时候，断的时候即直流供电被断开的时候。通过改变驱动器电枢电压接通和断开的时间比（占空比）来控制驱动器的速度。在脉宽调制系统中，当驱动器通电时，速度增加；驱动器断电时，其速度降低。只要按照一定的规律改变通、断电时间，即可使驱动器的速度达到并保持稳定值。对于直流电动机（舵机）调速系统，使用 PWM 调速是极为方便的，其方法就是通过改变驱动器电枢电压导通时间与断开时间的比值（即占空比）来控制驱动器的转速。PWM 驱动的简易装置是利用大功率晶体管的开关特性来调制固定电压的直流电源，按一个固定的频率来接通和断开，并根据需要改变一个周期内"接通"与"断开"时间的长短，通过改变驱动器电枢上电压的"占空比"来改变平均电压的大小，从而控制驱动器的转速。因此，这种装置又称为"开关驱动装置"。

PWM 控制的原理示意图如图 3-18 所示，可控开关 S 以一定的时间间隔重复地接通和断开。当 S 接通时，供电电源通过开关施加到驱动器两端，电源向驱动器提供能量，驱动器储能；当开关断开时，供电电源停止向驱动器提供能量，但在开关接通期间电枢电感所存储的能量通过续流二极管使驱动器电流继续维持。

这样，驱动器得到的电压平均值 U_{as} 为

$$U_{as}=t_{on}U_S/T=\alpha U_S \tag{3-1}$$

式中，t_{on} 为开关每次接通的时间；T 为开关通断的工作周期（即开关接通时间 t_{on} 和关断时间之和）；α 为占空比，$\alpha=t_{on}/T$。

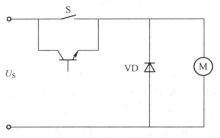

图 3-18 PWM 控制原理示意图

由式 3-1 可见，改变开关接通时间和开关周期的比例即可改变脉冲的占空比，驱动器两端电压的平均值也随之改变，从而使驱动器转速得到了控制。PWM 调速原理如图 3-19 所示。

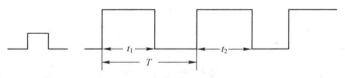

图 3-19 PWM 调速原理

在脉冲作用下，当驱动器通电时，速度增加；驱动器断电时，速度逐渐减少。只要按一定规律，改变通、断电时间，即可使驱动器转速得到控制。设驱动器永久接通电源时，其转速最大为 U_{max}，则驱动器的平均速度为

$$U_d=U_{max}\alpha \tag{3-2}$$

式中，U_d 为驱动器的平均速度；U_{max} 为驱动器全通时的速度（最大），α 为占空比。平均速度 U_d 与占空比的函数曲线如图 3-20 所示。由图 3-20 所示可以看出，U_d 与占空比并不是完全线性关系（图中实线），当系统允许时，可以将其近似看成线性系统（图中虚线）。因此也就可以看成驱动器电枢电压与占空比成正比，改变占空比大小即可控制驱动器的转速。

图 3-20 平均速度与占空比的关系

舵机的控制信号是 PWM 信号，可以通过单片机产生。控制信号的周期为 20ms，脉冲宽度为 0.5～2.5ms。图 3-21 给出了一种角度舵机的脉冲宽度和角度位置的对应关系。给舵

机提供一定的脉宽，它的输出轴就会保持在一个相对应的角度上，直到它接收到不同脉宽的脉冲信号，才会改变输出角度到新的对应位置上。舵机内部有一个基准电路，产生周期为 20ms、宽度为 1.5ms 的基准信号，外加一个比较器，将外加信号与基准信号相比较，判断出舵机转动方向和角度大小，从而驱动舵机转动。舵机是一种位置伺服的驱动器，适用于那些需要角度不断变化并可以保持的应用，例如机器人的关节和抓手。

输入正脉冲宽度(周期为20ms)	角度位置
0.5ms	−90°
1.0ms	−45°
1.5ms	0°
2.0ms	45°
2.5ms	90°

图 3-21　角度舵机的控制脉宽图

3.2.4　驱动电路

电动机工作时一般需要较大的功率，而普通单片机 I/O 口输出的电流较小，相应功率也较小，不足以驱动电动机工作，因此在使用电动机时要加入电动机驱动电路。

电动机驱动电路常见的有晶体管驱动电路、桥式驱动电路和集成驱动器。

1. 晶体管驱动电路

晶体管驱动电路通常基于晶体管的放大功能而设计，优点是电路结构简单，缺点是电路的参数可能会受温度的影响。具体电路如图 3-22 所示。

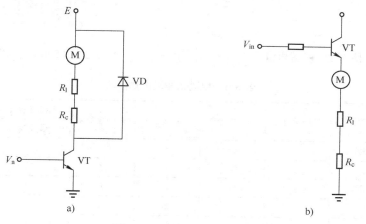

图 3-22　晶体管驱动电路

a) 集电极驱动　b) 发射极驱动

2．桥式电路

桥式电路，又称 H 形电动机驱动电路，使用四个晶体管驱动一个直流电动机。要使电动机运转，必须接通对角线上的一对晶体管。根据不同晶体管对的导通情况，电流可能会从左到右或者从右到左流过电动机，从而控制电动机的转动方向，如图 3-23 所示。

3．L298N 集成驱动器

L298N 是 ST 公司生产的一种高电压、大电流电动机驱动芯片。它的工作电压较高，最高工作电压可达 46V；输出电流大，峰值电流可达 3A，持续工作电流为 2A；内含两个 H 桥的高电压大电流全桥式驱动器，可以用来驱动直流电动机和步进电动机等负载；采用标准逻辑电平信号控制；具有两个使能控制端，在不受输入信号影响的情况下允许或禁止器件工作；有一个逻辑电源输入端，使内部逻辑电路在低电压下工作；可以外接检测电阻，将变化量反馈给控制电路。

L298N 芯片可以驱动一个两相步进电动机或四相步进电动机，也可以驱动两个直流电动机。图 3-24 是基于 L298N 芯片制作的电动机驱动器。使用一个驱动器可以驱动两个直流电动机，如表 3-1 所示，分别为 M1 和 M2。调速端 A、B 可用于输入 PWM 信号从而对电动机进行调速控制（如果无须调速可将两引脚接 5V，使电动机工作在最高速状态，即将短接帽短接）。实现电动机正反转就更容易了，输入信号端 IN1 接高电平，输入端 IN2 接低电平，电动机 M1 正转（如果信号端 IN1 接低电平，IN2 接高电平，则电动机 M1 反转）。控制另一台电动机是同样的方式，输入信号端 IN3 接高电平，输入端 IN4 接低电平，电动机 M2 正转（反之则反转）。PWM 信号端 A 控制 M1 调速，PWM 信号端 B 控制 M2 调速。

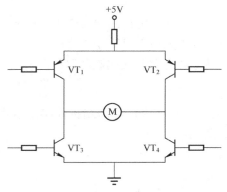

图 3-23　桥式电路

图 3-24　L298N 电动机驱动器

表 3-1　电动机驱动的功能表

电动机	旋转方式	控制端 IN1	控制端 IN2	控制端 IN3	控制端 IN4	输入 PWM 信号改变脉宽可调速	
						调速端 A	调速端 B
M1	正转	高	低	/	/	高	/
	反转	低	高	/	/	高	/
	停止	低	低	/	/	高	/
M2	正转	/	/	高	低	/	高
	反转	/	/	低	高	/	高
	停止	低	低	/	/	/	高

4. MC33886

MC33886 作为一个单片电路 H 桥，是较好的功率分流直流电动机和双向推力电磁铁控制器。MC33886 能够控制连续感应直流上升到 5.0A，输出负载脉宽调制的频率可达 10kHz。MC33886 能够在表面安装带散热装置的电源组件，参数范围：$-40℃ \leqslant 温度 \leqslant 125℃$、$5.0V \leqslant 供电电压 \leqslant 40V$。

芯片的封装和引脚功能分别如图 3-25 和表 3-2 所示，其典型的应用电路如图 3-26 所示。

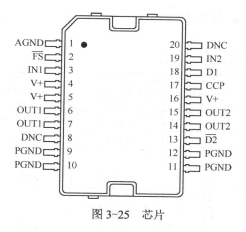

图 3-25　芯片

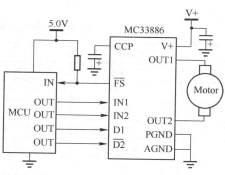

图 3-26　MC33886 典型应用电路

表 3-2　引脚功能

终端	终端名称	正式名称	定义
1	AGND	模拟接地	低电流模拟信号接地
2	$\overline{FS}$	H 桥故障状态	故障状态场效应晶体管低电位有效，要求电阻上拉到 5V
3	IN1	逻辑输入控制 1	实际逻辑输入控制的 1 口
4、5、16	V+	电源供电	正电源连接
6、7	OUT1	H 桥输出 1	H 桥输出 1
8、20	DNC	静止连接	在应用中不连接或者接地。它们仅在制造中用于测试模式终端
9-12	PGND	电源接地	装置电流高功率接地
13	$\overline{D2}$	无效 2	输入低电位有效用于使两个 H 桥输出同时三态无效。当 D2 为逻辑低时，输出都是三态
14、15	OUT2	H 桥输出 2	H 桥输出 2
17	CCP	电荷泵电容器	外部充电电容器连接内部电荷泵电容器
18	D1	无效 2	输入低电位有效用于使两个 H 桥输出同时三态无效。当 D1 为逻辑低时，输出都是三态
19	IN2	逻辑输入控制 2	A 实际逻辑输入控制的 2 口

5. BDMC2803 电动机驱动模块

BDMC2803 电动机驱动模块是直流有刷电动机控制器，如图 3-27 所示，最大供电电压可达 36V，最大持续电流可达 3A，使用 RS232 通信接口。它的电源输入范围是 DC 12~36V，能提供 2 倍于连续电流瞬间电流过载能力，电压波动不大于 5%。BDMC2803 电动机驱动模块在使用时需要配合相应的上位机调速软件。该驱动器的线序定义及接线如表 3-3 所示。

图 3-27　BDMC2803 驱动器

表 3-3　BDMC2803 驱动器线序定义及接线

左侧接线端子 L1～L10			右侧接线端子 R1～R10		
编号	文字	定义	编号	文字	定义
L1	PGND	电源地	R1	R232-RX	RS232-接收
L2	POWER	电源输入	R2	R232-TX	RS232-发送
L3	MOTOR−	电动机绕组−	R3	NC	不连接
L4	MOTOR+	电动机绕组+	R4	NC	不连接
L5	SGND	信号地	R5	SGND	信号地
L6	CHB	通道 B	R6	DIR	方向
L7	CHA	通道 A	R7	PULSE	脉冲
L8	5V	5V	R8	Analog+	模拟输入+
L9	R232-TX	RS232-发送	R9	Analog−	模拟输入−
L10	R232-RX	RS232-接收	R10	State	状态输出

如表 3-3 所示，左侧端子接驱动器电源、电动机正负、编码器信号等，右侧端子接驱动器控制信号。驱动器有 4 种工作模式：RS-232 指令模式、模拟电压模式、PPM 脉冲模式、PWM 脉冲模式。

3.3　机器人常用电路接口

机器人的控制需要大量丰富的外部电路。本节介绍几种常用的外部电路接口，包括 A/D 电路、上拉/下拉电路及 OC/OD 电路接口。

3.3.1　A/D 接口电路

在机器人制作过程中经常会用到模拟传感器，模拟传感器输出的是模拟信号，由于单片机只能处理数字信号，不能直接读取模拟信号。因此，在对外部的模拟信号进行分析、处理的过程中，必须使用模-数（A-D）转换器将外部的模拟信号转换成单片机所能处理的数字信号。

A-D 转换器的主要类型有积分型、逐次逼近型、并行比较型、电容阵列逐次比较型、压频变换型等。不同类型的 A-D 转换器的结构、转换原理和性能指标等差异非常大。表 3-4

列出了典型 A-D 转换器的主要性能比较，表中 S/s 为每秒采样次数。

表 3-4　典型 A-D 转换器的性能比较

类型	并行比较器	分级型	逐次逼近型	积分型	VFC 型
主要特点	超高速	高速	速度、精度、价格等综合性价比高	高精度、低成本、高抗干扰能力	低成本、高分辨率
分辨率	610	8～16	8～16	16～24	8～16
转换时间	几十 ns	几十～几百 ns	几十～几百 kS/s	几十 kS/s	几～几十 S/s
价格	高	高	中	中	低
主要用途	超高速视频处理	视频处理 高速数据采集	数据采集 工业控制	音频处理 数字仪表	数字仪表 简易 ADC
典型器件	TLC5510	MAX1200	TLC0831	AD7705	AD650

目前使用最为广泛的是逐次逼近型，下面以逐次逼近型为例介绍 A-D 转换器的原理。设有一待测电压为 4.42V，转换器的满度测量量程为 RNFS=5.12V，阈值有 4 种：RNFS/2（2.56V）、RNFS/4（1.28V）、RNFS/8（0.64V）、RNFS/16（0.32V）。测量方法为先大砝码，后小砝码，依次比较，具体过程如下：

1）2.56V<4.42V，记为"1"。

2）2.56V+1.28V=3.84V<4.42V，记为"1"。

3）3.84V+0.64V=4.48V>4.42V，记为"0"。

4）3.84V+0.32V=4.16V< 4.42V，记为"1"。

通过上述 4 次比较后，得出结果。

当这一过程应用于 A-D 转换时，如果留下记为"1"，舍去记为"0"，则对应的 A-D 转换结果为 1101。

A-D 转换器的主要技术指标有转换范围、分辨率、绝对精度和转换时间。转换范围即 A-D 转换器能够转换的模拟电压范围；绝对精度是指对应一个给定数字量的理论模拟输入与实际输入之差，通常用最低有效位 LSB 的倍数来表示；转换速度是指 A-D 转换器完成一次转换所需的时间；转换时间是指从接到转换控制信号开始，到输出端得到稳定的数字输出信号所经过的时间；A-D 转换器的分辨率用输出二进制数的位数表示，位数越多，分辨率越高。例如，某 A-D 参考电压是 5V，输出 8 位二进制数可以分辨的最小模拟电压为 $5V×2^{-8}=20mV$；而输出 12 位二进制数可以分辨的最小模拟电压为 $5V×2^{-12}≈1.22mV$。

内置 A-D 接口的单片机，只需要将模拟信号量接入相应的 A-D 接口，加上合适的驱动程序，就可以实现转换。没有 A-D 接口的单片机，需要借助外置的 A-D 电路，将模拟电压信号转换成数字量。

ADC0809 是一种常用的 A-D 转换芯片，由 8 路模拟开关、8 位逐次比较型 A-D 转换器、三态输出锁存器以及地址锁存译码逻辑电路等组成，ADC0809 的内部结构逻辑电路及引脚图如图 3-28 所示。表 3-5 列出了芯片各引脚的功能，表 3-6 列出了 ADC0809 的 8 个模拟量通道地址编码与输入通道的关系。

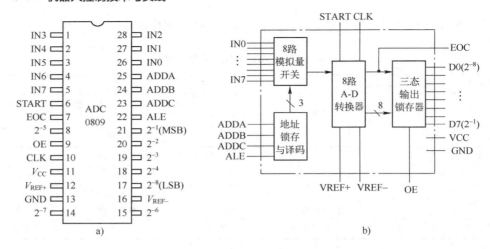

图 3-28　ADC0809 内部逻辑结构与芯片引脚

a) ADC0809 引脚　b) ADC0809 内部逻辑结构

表 3-5　**ADC0809 芯片各引脚功能**

引脚符号	Out/In	功能说明
IN0～IN7	In	8 个输入通道模拟输入端
D0～D7	Out	8 位数字量输出端（输出结果）
ADDA、ADDB、ADDC	In	选择 8 个输入通道的 3 位地址编码信号
ALE	In	地址锁存信号（上升沿有效），锁存 3 位地址编码信号
START	In	启动信号（正脉冲），启动 A/D 转换过程
EOC	Out	转换结束信号（高电平有效），用于查询或请求中断
OE	In	输出允许控制端（开放输出三态门），用于 A/D 结果
CLK	In	时钟信号，最高允许值 640kHz
V_{REF+}、V_{REF-}	In	A-D 转换器参考电压（决定模拟电压输入范围）
V_{CC}	In	电源电压，通常接+5V

表 3-6　**通道地址编码与输入通道关系**

ADDC	ADDB	ADDA	输入通道号
0	0	0	IN0
0	0	1	IN1
0	1	0	IN2
0	1	1	IN3
1	0	0	IN4
1	0	1	IN5
1	1	0	IN6
1	1	1	IN7

3.3.2　上拉和下拉电路

单片机使用的信号为数字信号，数字信号有三种状态：高电平、低电平和高阻状态，有些应用场合不希望出现高阻状态，可以通过上拉电阻或下拉电阻的方式使其处于稳定状态，具体视设计要求而定。假设用一款数字式红外避障传感器连接 STM32 单片机，正常使用时，检测到障碍物，单片机应该接收到信号 0（接口电压约为 0），没有障碍物时，单片机应该接收到信号 1（接口电压约为 3.3V）。但是在实际时，突然发现不论有没有障碍，单片机始终接收到同一信号（全 0 或者全 1），完全不符合实际。遇到这样的情况，先用万用表测量连接传感器的那个接口的电压值，是否正确，一般会发现如果是全 0 信号，应该出现高电平时电压值实际测量为 2V 左右，这时电压为模糊带（它高于低电平的最高值并且低于高电平的最小值），单片机无法正常判断高低电平，这时可以在接口电路外加上拉电阻解决。同理，如果使用过程中始终识别不到低电平，可以在接口外加下拉电阻解决。

上拉电路就是将不确定的信号通过一个电阻钳位在高电平，电阻同时起限流作用，下拉电路同理，上拉是对器件注入电流，下拉是输出电流。在电路连接上，上拉电阻就是电阻一端接 VCC，一端接逻辑电平接入引脚（如单片机引脚），如图 3-29 所示。下拉电阻就是电阻一端接 GND，一端接逻辑电平接入引脚（如单片机引脚），如图 3-30 所示。

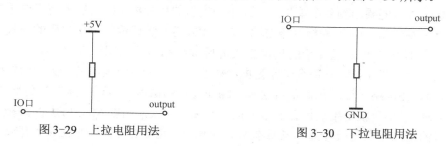

图 3-29　上拉电阻用法　　　　　　　　图 3-30　下拉电阻用法

上拉和下拉电阻有很多应用的场合，具体如下：

1）当 TTL 电路驱动 COMS 电路时，如果 TTL 电路输出的高电平低于 COMS 电路的最低高电平（一般为 3.5V），就需要在 TTL 的输出端接上拉电阻，以提高输出高电平的值。OC 门电路使用时必须加上拉电阻，才能使用。

2）芯片的引脚加上拉电阻来提高输出电平，从而提高芯片输入信号的噪声容限，增强抗干扰能力。

3）提高总线的抗电磁干扰能力。引脚悬空就比较容易接收外界的电磁干扰。

4）长线传输中电阻不匹配容易引起反射波干扰，加上下拉电阻使电阻匹配，可有效抑制反射波干扰。

5）对于非集电极（或漏极）开路输出型电路（如普通门电路），提升电流和电压的能力有限，上拉电阻的功能主要是为集电极开路输出型电路输出电流通道。

另外上下拉电阻的阻值大小选择要根据实际情况而定，具体要参考以下三个原则：从节约功耗及芯片的灌电流能力考虑应当足够大：电阻大，电流小；从确保足够的驱动电流考虑应当足够小：电阻小，电流大；对于高速电路，过大的上拉电阻可能使边沿变平缓。

综合考虑以上三点，通常在 1～10kΩ之间选取，对下拉电阻也有类似道理。另外对上拉电阻和下拉电阻的选择应结合开关管特性和下级电路的输入特性进行设定，主要需要考虑以下几个因素：

1）驱动能力与功耗的平衡：以上拉电阻为例，一般地说，上拉电阻越小，驱动能力越强，功耗越大，设计时应注意两者之间的均衡。

2）下级电路的驱动需求：同样以上拉电阻为例，当输出高电平时，开关管断开，上拉电阻应适当选择以能够向下级电路提供足够的电流。

3）高低电平的设定：不同电路的高低电平的门槛电平会有不同，电阻应适当设定以确保能输出正确的电平。以上拉电阻为例，当输出低电平时，开关管导通，上拉电阻和开关管导通电阻分压值应确保在零电平门槛之下。

4）频率特性：以上拉电阻为例，上拉电阻和开关管漏源级之间的电容和下级电路之间的输入电容会形成 RC 延迟，电阻越大，延迟越大。上拉电阻的设定应考虑电路在这方面的需求。

下拉电阻的设定原则和上拉电阻是一样的。输出高电平时要喂饱后面的输入口，输出低电平不要把输出口喂撑了（否则多余的电流喂给了级联的输入口，高于低电平门限值就不可靠了）。在数字电路中不用的输入脚都要接固定电平，通过 1kΩ 电阻接高电平或接地。

3.3.3　OC/OD 门电路

一个机器人可能要用到多个单片机，而不同类型的单片机 I/O 对应的逻辑电平电压不一致，这时就需要借助集电极/漏极开路电路（OC/OD 门）实现逻辑电平电压的一致性转换。集电极/漏极开路的输出是晶体管的集电极或者场效应晶体管的漏极开路，要得到高电平状态需要借助上拉电阻才行，它适合于作为电流型的驱动，其吸收电流的能力相对较强（一般 20mA 以内）。在电路设计时我们常常遇到开漏和开集的概念。所谓"漏"就是指 MOSFET 的漏极。同理，"集"就是指晶体管的集电极。开漏电路就是指以 MOSFET 的漏极为输出的电路。一般的用法是在漏极外部的电路添加上拉电阻。完整的开漏电路应该由开漏器件和开漏上拉电阻组成，如图 3-31 所示。

组成 OC/OD 形式的电路有以下几个特点：

1）利用外部电路的驱动能力，减少 IC 内部的驱动（或驱动比芯片电源电压高的负载）。

2）可以将多个开漏输出的引脚连接到一条线上。形成"与逻辑"关系。如图 3-32 所示，当 F_1、F_2、F_3 任意一个变低后，开漏线上的逻辑就为 0 了。如果作为输出，必须接上拉电阻。接容性负载时，下降沿芯片内晶体管的影响，是有源驱动，速度较快；上升沿受无源的外接电阻的影响，速度慢。如果要求速度高，电阻选择要小，但功耗会大。所以负载电阻的选择要兼顾功耗和速度。

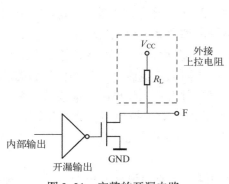

图 3-31　完整的开漏电路

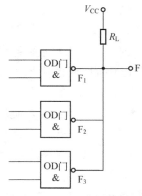

图 3-32　开漏结构门的与逻辑

3）可以利用改变上拉电源的电压，改变传输电平。如图 3-33 所示，IC 的逻辑电平由电源 V_{CC1} 决定，而输出高电平则由 V_{CC2}（上拉电阻的电源电压）决定。这样就可以用低电平逻辑控制输出高电平逻辑了（可以进行任意电平的转换）。

4）开漏引脚不连接外部的上拉电阻，则只能输出低电平。

5）标准的 OC/OD 引脚一般只有输出的能力。需添加其他的判断电路，才能具备双向输入、输出的能力。

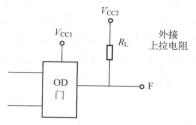

图 3-33　开漏门实现电平转换

3.4　机器人处理控制器

机器人的处理控制系统是机器人所需要的承载程序和算法的硬件载体，即机器人的"大脑"。"大脑"是机器人区别于简单的自动化设备的主要标志。简单的自动化设备在重复指令下完成一系列重复操作。机器人大脑能够处理外界的环境参数（如灰度信息、距离信息、颜色信息等），然后通过编程等方式实现各类反应。机器人最常见的大脑由一种或多种处理器，如 PC、单片机、FPGA、DSP 等，以及相应的外部电路构成。由于目前机器人大脑使用最多的是单片机，所以本节简单介绍几种常用系列的单片机，包括 51 系列单片机、STM32 系列单片机、Arduino 系列单片机。

3.4.1　单片机概述

单片机是一种广泛应用的微处理器。单片机种类繁多、价格低、功能强大，同时扩展性也强，它包含了计算机的三大组成部分：CPU、存储器和 I/O 接口等部件。由于它集成在一个芯片上，形成芯片级的微型计算机，所以称为单片微型计算机（Single Chip Microcomputer），简称单片机。常见的单片机如图 3-34 所示。

图 3-34　常见的单片机

单片机系统结构均采用冯·诺依曼提出的"存储程序"思想，即程序和数据都被存放在内存中的工作方式，用二进制代替十进制进行运算和存储程序。人们将计算机要处理的数据和运算方法、步骤，事先按计算机要执行的操作命令和有关原始数据编制成程序（二进制代码），存放在计算机内部的存储器中，计算机在运行时能够自动地、连续地从存储器中取出并执行，不需人工加以干预。

1. 单片机的组成

单片机是中央处理器，将运算器和控制器集成在一个芯片上。它主要由以下几个部分组成：运算器（实现算术运算或逻辑运算），包括算术逻辑单元 ALU、累加器 A、暂存寄存器 TR、标志寄存器 F 或 PSW、通用寄存器 GR；控制器（中枢部件），控制计算机中的各个部件工作，包括指令寄存器 IR、指令译码器 ID、程序计数器 PC、定时与控制电路；存储器（记忆，由存储单元组成），包括 ROM、RAM；总线 BUS（在微型计算机各个芯片之间或芯片内部之间传输信息的一组公共通信线），包括数据总线 DB：双向，宽度决定了微机的位数；地址总线 AB（单向，决定 CPU 的寻址范围）；控制总线 CB（单向）。I/O 接口（数据输入输出），包括输入接口、输出接口。单片机的组成如 3-35 所示。

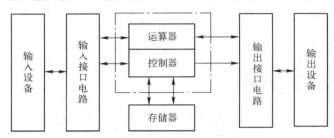

图 3-35　单片机的组成

单片机能够一次处理的数据的宽度有：1 位、4 位、8 位、16 位、32 位。典型的 8 位单片机是 MCS-51 系列；16 位单片机是 AVR 系列；32 位单片机是 ARM 系列。

2．单片机主要技术指标

1）字长：CPU 能并行处理二进制的数据位数有 8 位、16 位、32 位和 64 位。

2）内存容量：存储单元能容纳的二进制数的位数。容量单位有 1KB、8KB、64KB、1MB、16MB、64MB。

3）运算速度：CPU 处理速度；即时钟频率（也叫主频、每秒运算次数）有 6MHz、12MHz、24MHz、100MHz、300MHz。

4）内存存取时间：即内存读写速度有 50ns、70ns、200ns。

3．单片机开发环境

单片机在使用的时候，除了硬件开发平台之外，还需要一个友好的软件编程环境。在单片机程序开发中，Keil 系列软件是最为经典的单片机软件集成开发环境，同时使用的编程语言比较普遍的是 C 语言，MCS-51 系列单片机和 STM32 单片机均使用 Keil 集成开发环境。

基于单片机编程实际上就是基于硬件的编程，在使用过程中，一定要注意单片机的性质，相关的外设电路与单片机接口的连接关系，始终做到软件要配合硬件，软硬件结合使用，在编程前先对外设使用的输入输出接口或者其他功能进行电气定义或者初始化操作。

3.4.2　MCS-51 系列单片机

MCS-51 系列是经典的 8 位处理器，如 80MCS-51、87MCS-51 和 8031 均采用 40 引脚双列直插封装（DIP）方式。对于不同 MCS-51 系列单片机来说，不同的单片机型号，不同的封装具有不同的引脚结构，但是 MCS-51 单片机系统只有一个时钟系统。因受到引脚数目的限制，有不少引脚具有第二功能。MCS-51 单片机引脚如图 3-36 所示。

1．单片机的引脚

MCS-51 单片机有 40 引脚，可分为端口线、电源线和控制线三类。

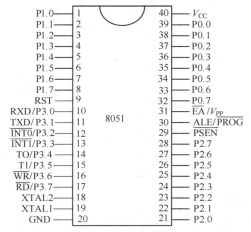

图 3-36　单片机的引脚

（1）端口线（4×8=32 条）

P0.0～P0.7：共有 8 个引脚，为 P0 口专用。P0.0 为最低位，P0.7 为最高位。第一功能（不带片外存储器）作通用 I/O 口使用，传送 CPU 的输入/输出数据。第二功能（带片外存储器）是访问片外存储器时，先传送低 8 位地址，然后传送 CPU 对片外存储器的读/写数据。

P1.0～P1.7：8 个引脚与 P0 口类似。P1.0 为最低位，P1.7 为最高位。第一功能与 P0 口的第一功能相同，也用于传送用户的输入/输出数据。第二功能是对 52 子系列而言，为定时器 2 输入。

P2.0～P2.7：带内部上拉的双向 I/O 口。第一功能与 P0 口的第一功能相同，作通用 I/O 口。第二功能与 P0 口的第二功能相配合，用于输出片外存储器的高 8 位地址，共同选中片外存储器单元。

P3.0～P3.7：带内部上拉的双向 I/O 口。第一功能与 P0 口的第一功能相同，作通用 I/O 口。第二功能为控制功能，每个引脚并不完全相同。

（2）电源线（2 条）

V_{CC} 为+5V 电源线，GND 接地。

（3）控制线（6 条）

功能：ALE / $\overline{PROG}$ 与 P0 口引脚的第二功能配合使用；P0 口作为地址/数据复用口，用 ALE 来判别 P0 口的信息。$\overline{EA}$ / V_{PP} 引脚接高电平时：先访问片内 EPROM/ROM，执行内部程序存储器中的指令。但在程序计数器计数超过 0FFFH 时（即地址大于 4KB 时），执行片外程序存储器内的程序。$\overline{EA}$ / V_{PP} 引脚接低电平时：只访问外部程序存储器，而不管片内是否有程序存储器。

RST 是复位信号，功能是使单片机复位/备用电源引脚。RST 是复位信号输入端，高电平有效。时钟电路工作后，在此引脚上连续出现两个机器周期的高电平（24 个时钟振荡周期），就可以完成复位操作。

XTAL1 和 XTAL2 是片内振荡电路输入线。这两个端子用来外接石英晶体和微调电容，即用来连接 80MCS-51 片内的定时反馈回路。

2．单片机最小系统

单片机最小系统是单片机正常工作的最小硬件要求，包括时钟电路、复位电路，如

图 3-37 所示。

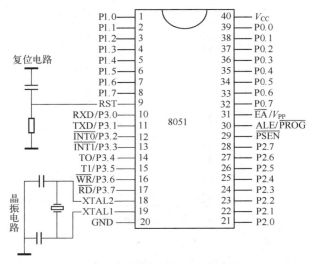

图 3-37　单片机的最小应用系统

判断单片机芯片及时钟系统是否正常工作有一个简单的办法，就是用万用表测量单片机晶振引脚（18 脚、19 脚）的对地电压。当单片机正常工作时，18 脚对地电压约为 2.24V，19 脚对地电压约为 2.09V。对由于复位电路故障而不能正常工作的单片机也可以采用模拟复位的方法来判断，单片机正常工作时 9 脚对地电压为零，可以用导线短时间和+5V 连接，模拟一下上电复位，如果单片机能正常工作了，说明这个复位电路有问题。

3. 单片机的内部结构

单片机由 5 个基本部分组成，包括中央处理器（CPU）、存储器、输入/输出接口、定时器/计数器、中断系统等，如图 3-38 所示。

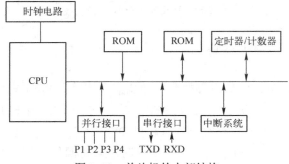

图 3-38　单片机的内部结构

（1）单片机 CPU 内部结构

MCS-51 单片机内部有一个 8 位的 CPU，包含运算器、控制器及若干寄存器等。

（2）单片机的存储器

存储器是用来存放程序和数据的部件，MCS-51 单片机芯片内部存储器包括程序存储器和数据存储器两大类。程序存储器（ROM）一般用来存放固定程序和数据，特点是程序写入后能长期保存，不会因断电而丢失，MCS-51 系列单片机内部有 4KB 的程序存储空间，可以通过外部扩展到 64KB。数据存储器（RAM）主要用于存放各种数据。优点是可以随机读入或读出，读写速度快，读写方便；缺点是电源断电后，存储的信息丢失。

（3）单片机的并行 I/O

① P0 口

P0 口的口线逻辑电路如图 3-39 所示。

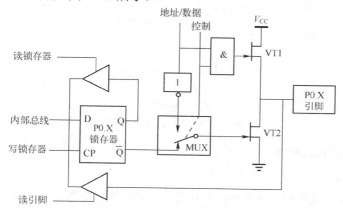

图 3-39　P0 口的口线逻辑电路如图

② P1 口

P1 口的口线逻辑电路如图 3-40 所示。

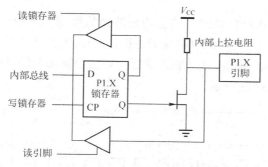

图 3-40　P1 口的口线逻辑电路图

③ P2 口

P2 口的口线逻辑电路如图 3-41 所示。

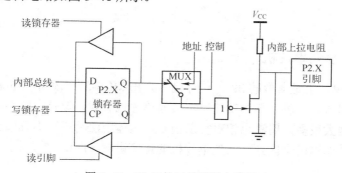

图 3-41　P2 口的口线逻辑电路图

④ P3 口

P3 口的口线逻辑电路如图 3-42 所示。

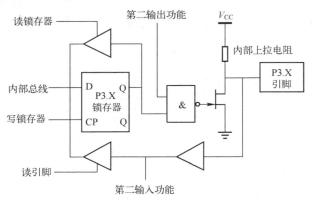

图 3-42　P3 口的口线逻辑电路图

4．单片机的时钟和时序

（1）时钟电路

单片机时钟电路通常有两种形式：内部振荡方式和外部振荡方式。MCS-51 单片机片内有一个用于构成振荡器的高增益反相放大器，引脚 XTAL1 和 XTAL2 分别是此放大器的输入端和输出端。把放大器与晶体振荡器连接，就构成了内部自激振荡器并产生振荡时钟脉冲。外部振荡方式就是把外部已有的时钟信号直接连接到 XTAL1 端引入单片机内，XTAL2 端悬空不用。

（2）时序

振荡周期：是为单片机提供时钟信号的振荡源的周期。时钟周期：是振荡源信号经二分频后形成的时钟脉冲信号。因此时钟周期是振荡周期的 2 倍，即一个 S 周期，被分成两个节拍——P1、P2。指令周期：是 CPU 执行一条指令所需要的时间（用机器周期表示）。各时序之间的关系如图 3-43 所示。

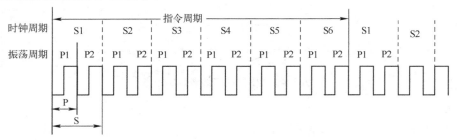

图 3-43　各时序之间的关系

3.4.3　STM32 系列单片机

STM32 系列单片机是典型的 32 位单片机，其在 MCS-51 系列单片机基础上增加了很多附加功能。它的组成、引脚、基本功能等与其他单片机类似，但是它的系统架构和时钟源比MCS-51 单片机强大很多，用法也相对复杂很多，具体用法将在下面几节介绍。本小节主要以系统架构和时钟源这两个区别于其他单片机的角度讲解 STM32 单片机。

1．系统架构

相比 MCS-51 单片机，STM32 的系统架构更复杂。STM32 系统架构的具体知识可以参考《STM32 中文参考手册》。本节介绍的 STM32 系统架构主要针对 STM32F103 这些非互联型芯片。STM32 的系统架构，如图 3-44 所示。

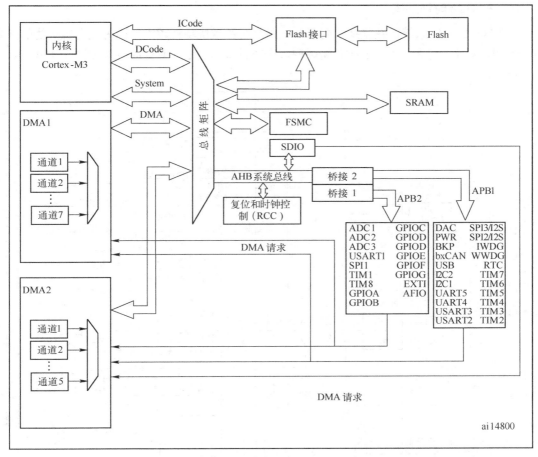

图 3-44　系统结构图

STM32 主系统主要由 4 个驱动单元和 4 个被动单元构成。4 个驱动单元是：内核 DCode 总线、系统总线、通用 DMA1、通用 DMA2；4 个被动单元是：AHB 到 APB 的桥，它连接所有的 APB 设备、内部 Flash 闪存、内部 SRAM、FSMC。

下面具体讲解图中几个总线的知识。

1）ICode 总线：该总线将 M3 内核指令总线和闪存指令接口相连，指令的预取在该总线上完成。

2）DCode 总线：该总线将 M3 内核的 DCode 总线与闪存存储器的数据接口相连接，常量加载和调试访问在该总线上完成。

3）System（系统）总线：该总线连接 M3 内核的系统总线到总线矩阵，总线矩阵协调内核和 DMA 间访问。

4）DMA 总线：该总线将 DMA 的 AHB 主控接口与总线矩阵相连，总线矩阵协调 CPU 的 DCode 和 DMA 到 SRAM、闪存和外设的访问。

5）总线矩阵：总线矩阵协调内核系统总线和 DMA 主控总线之间的访问仲裁，仲裁利用轮换算法。

6）AHB 和 APB 桥：这两个桥在 AHB 和两个 APB 总线间提供同步连接，APB1 操作速度限于 36MHz，APB2 操作速度为全速。

2. STM32 时钟系统

STM32 的时钟系统比较复杂。同一个电路，时钟越快功耗越大，同时抗电磁干扰的能力也会越弱，对于复杂的 MCU 通常都是采取多个时钟源的方法。具体时钟树如图 3-45 所示。

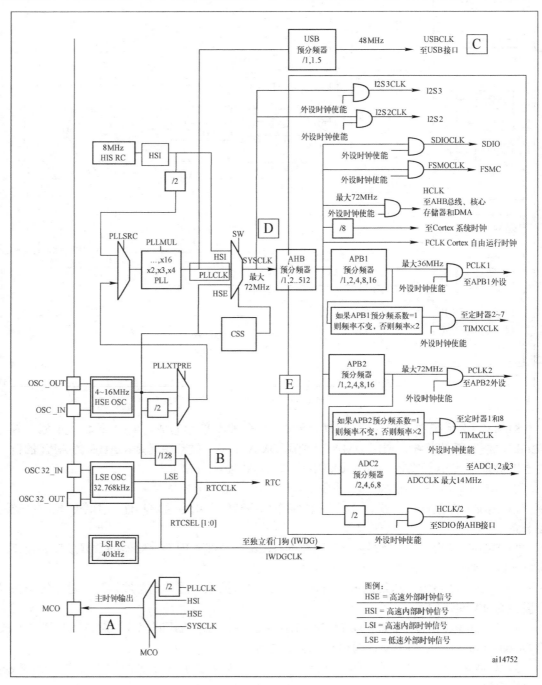

图 3-45　STM32 时钟树

在 STM32 中，有 5 个时钟源，分别为 HSI、LSI、HSE、LSE、PLL。按时钟频率来分可以分为高速时钟源和低速时钟源，其中 HIS、HSE 以及 PLL 是高速时钟，LSI 和 LSE 是低速时钟。按来源可分为外部时钟源和内部时钟源，外部时钟源就是从外部通过接晶振的方式获取时钟源，其中 HSE 和 LSE 是外部时钟源，其他的是内部时钟源。

1）HSI 是高速内部时钟，RC 振荡器，频率为 8MHz。

2）HSE 是高速外部时钟，可接石英/陶瓷谐振器，或者接外部时钟源，频率范围为 4～16MHz。我们开发板接的是 8MHz 的晶振。

3）LSI 是低速内部时钟，RC 振荡器，频率为 40kHz。独立看门狗的时钟源只能是 LSI，同时 LSI 还可以作为 RTC 的时钟源。

4）LSE 是低速外部时钟，接频率为 32.768kHz 的石英晶体。这个主要是 RTC 的时钟源。

5）PLL 为锁相环倍频输出，其时钟输入源可选择为 HSI/2、HSE 或者 HSE/2。倍频可选择为 2～16 倍，但是其输出频率最大不得超过 72MHz。

3. 认识封装

封装就是指把硅片上的电路引脚用导线接引到外部接头处，以便与其他器件连接。封装形式是指安装半导体集成电路芯片用的外壳。它不仅起着安装、固定、密封、保护芯片及增强电热性能的作用，而且还通过芯片上的接点用导线连接到封装外壳的引脚上，这些引脚又通过印制电路板上的导线与其他器件相连接，从而实现内部芯片与外部电路的连接。芯片内部必须与外界隔离，以防止空气中的杂质对芯片电路的腐蚀而造成电气性能下降。另外，封装后的芯片也更便于安装和运输。由于封装技术还直接影响到芯片自身性能的发挥和与之连接的 PCB（Printed Circuit Board，印制电路板）的设计和制造，因此它是至关重要的。

封装主要分为 DIP（Dual In-line Package，双列直插式封装）和 SMD（Surface Mounted Devices，表面贴装器件封装）两种。其中，SMD 是 SMT（Surface Mounted Technology，表面贴片技术）元器件中的一种。当代集成电路的装配方式从通孔插装（Plating Through Hole，PTH）逐渐发展到表面组装（SMT）。从结构方面，封装从最早期的晶体管 TO（如 TO-89、TO92）封装发展到了双列直插封装，随后由 PHLP 公司开发出了 SOP 小外型封装；从材料介质方面，包括金属、陶瓷、塑料、塑料等。目前很多高强度工作条件需求的电路，如军工和宇航级别仍大量使用金属封装。

下面介绍几种常用封装。

TO（Transistor Out-line）：晶体管外形封装。这是早期的封装规格，如 TO-92、TO-220 等都是插入式封装设计。

SIP（Single In-line Package）：单列直插式封装。引脚从封装一个侧面引出，排列成一条直线。当装配到印制基板上时封装呈侧立状。例如单排针座和单排孔座。

DIP（Dual In-line Package）：双列直插式封装，引脚从封装两侧引出，封装材料有塑料和陶瓷两种。DIP 是最普及的插装型封装，应用范围包括标准逻辑 IC、存储器等。

PLCC（Plastic Leaded Chip Carrier）：带引线的塑料芯片载体。表面贴装型封装之一。

QFP（Quad Flat Package）：四侧引脚扁平封装，表面贴装型封装之一，引脚从 4 个侧面引出呈海鸥翼状（L 形）。基材有陶瓷、金属和塑料三种。QFP 的缺点是，当引脚中心距小于 0.65mm 时，引脚容易弯曲。为了防止引脚变形，出现了几种改进的 QFP 品种，如 BQFP（Quad FlatPackage with Bumper），带缓冲垫的四侧引脚扁平封装，在封装本体的 4 个角设置突起（缓冲垫）以防止在运送过程中引脚发生弯曲变形。

QFN（Quad Flat Non-leaded Packag）：四侧无引脚扁平封装，表面贴装型封装之一。现在多称为 LCC。QFN 是日本电子机械工业会定义的名称，封装四侧配置有电极触点，由于无引脚，贴装占有面积比 QFP 小，高度比 QFP 低。但是，当印制基板与封装之间产生应力时，在电极接触处就不能得到缓解。因此电极触点难以做到像 QFP 引脚那样多，一般引脚数为 14～100。材料有陶瓷和塑料两种。当有 LCC 标记时基本上都是陶瓷 QFN。

BGA（Ball Grid Array）：球形触点阵列，表面贴装型封装之一。

SOP（Small Out-line Package）：小外形封装，是从 SMT 技术衍生而来的，表面贴装型封装之一。引脚从封装两侧引出呈海鸥翼状（L 形），材料有塑料和陶瓷两种。SOP 封装的应用范围很广，后来逐渐派生出 SOJ（Small Out-line J-lead，J 形引脚小外形封装）、TSOP（ThinSOP，薄小外形封装）、VSOP（Very SOP，甚小外形封装）、SSOP（Shrink SOP，缩小型 SOP）、TSSOP（Thin Shrink SOP，薄的缩小型 SOP）及 SOT（Small Out-line Transistor，小外形晶体管）、SOIC（Small Out-line Integrated Circuit，小外形集成电路）等，在集成电路中都起到了举足轻重的作用。

CSP（Chip Scale Package）：是芯片级封装的意思。CSP 封装是最新一代的内存芯片封装技术，可以让芯片面积与封装面积之比超过 1∶1.14，已经相当接近 1∶1 的理想情况，绝对尺寸也仅有 $32mm^2$，约为普通 BGA 的 1/13，仅仅相当于 TSOP 内存芯片面积的 1/16。CSP 封装线路阻抗显著减小，芯片速度随之大幅度提高，而且芯片的抗干、抗噪性能也能得到大幅提升，这也使得 CSP 的存取时间比 BGA 改善 15%～20%。CSP 技术是在电子产品的更新换代时提出来的，它的目的是在使用大芯片替代以前的小芯片时，其封装体占用印制板的面积保持不变或更小。正是由于 CSP 产品的封装体小而薄，因此它在手持式移动电子设备中迅速获得了应用。

4．STM32F103 命名说明

对于 STM32F103xxyy 系列，第一个 x 代表引脚数：T 代表 36 引脚，C 代表 48 引脚，R 代表 64 引脚，V 代表 100 引脚，Z 代表 144 引脚；第二个 x 代表内嵌的 Flash 容量：6 代表 32KB，8 代表 64KB，B 代表 128KB，C 代表 256KB，D 代表 384KB，E 代表 512KB；第一个 y 代表封装：H 代表 BGA 封装，T 代表 LQFP 封装，U 代表 QFN 封装；第二个 y 代表工作温度范围：6 代表-40～85℃，7 代表-40～105℃。现在明白 F103VB、VC、VE 等的含义了，这种组合不是任意的，如没有 STMF32F103TC 等。

STM32F103 系列微控制器随着后缀的不同，引脚数量也不同，有 36、48、64、100、144 引脚。STM32F103Vx 系列共有 100 根引脚，其中 80 根是 I/O 端口引脚，而 STM32F103Rx 系列有 64 根引脚，其中 51 根是 I/O 端口引脚。这些 I/O 引脚中的部分 I/O 口可以复用，将它配置成输入、输出、模-数转换口或者串口等。

与标准 51 单片机相比，一些高级的单片机或者微处理器，如基于 ARM Cortex-M3 的 STM32 系列单片机、基于 ARM9 的 S3C2410/2440 等都需要进行 I/O 口功能的配置。

3.5 机器人中的串口通信

机器人在工作过程中，经常需要与外部控制设备之间进行信息交互，多个机器人协同工作时也需要进行信息交互，为了保证交互数据的准确性和完整性，就需要按照交互双方可以理解的格式进行数据传输，也就是要满足一定的通信协议，同时还要有相应的通信接口电路。

常用的通信方式有线通信和无线通信、同步通信和异步通信、串行通信和并行通信。其中有线通信和无线通信的区别在于通信介质是否是线缆；同步通信和异步通信的区别在于通信过程中发送时钟和接收时钟是否保持严格同步；串行通信和并行通信的区别在于发送数据数量不同，串行通信用一根线在不同的时刻发送 8 位数据，并行通信在同一时刻发送多位数据。

3.5.1 串行通信和并行通信

机器人主控板和外部设备可以采用并行通信和串行通信两种方法进行数据传输。这两种数据传输方式各有其优缺点。

并行通信是指数据的各个二进制位同时进行传输。并行通信的示意图如图 3-46 所示。

这种通信方式的优点是传输速度快，效率高，缺点是需要比较多的数据线，数据有多少位就需要多少根数据线，另外并行的数据线易受外界干扰，传输距离不能太远。

串行通信是指数据的各个二进制位按照顺序一位一位地进行传输。串行通信的示意图如图 3-47 所示。这种通信方式的优点是所需的数据线少，节省硬件成本及单片机的引脚资源，并且抗干扰能力强，适合于远距离数据传输，其缺点是每次只能发送一位，导致传输速度慢，效率低。

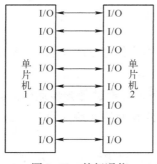

图 3-46 并行通信

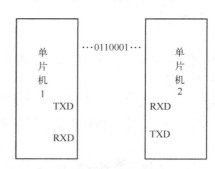

图 3-47 串行通信

并行通信和串行通信的概念广泛应用于现代电子设计中，是最基本的通信方式。两个单片机之间、单片机和计算机之间，以及两台计算机之间都可以采用并行接口和串行接口进行通信。

3.5.2 串行通信原理

单片机的串行通信是将数据的二进制位按照一定的顺序进行逐位发送，接收方则按照对应的顺序逐位接收，并将数据恢复出来。单片机的串行通信有异步通信和同步通信两种基本方式。下面分别进行介绍。

1. 异步通信方式

异步通信是一种利用数据或字符的再同步技术的通信方式。在异步通信过程中，数据通常是以帧为单位进行传送的，每个帧为一个字符或一个字节。发送方将字符帧一位一位地发送出去，接收方则一位一位地接收该字符帧。发送方和接收方各自有一个控制发送与接收的时钟，这两个时钟不同步，互相独立。在进行异步串行通信时，字符帧的格式，如图 3-48 所示。

图 3-48　异步通信中字符帧的格式

一个字符帧按顺序一般可以分为 4 部分，即起始位、数据位、奇偶校验位和停止位。下面分别介绍各位的含义。

（1）起始位

起始位位于字符帧的开始，用于表示向接收端开始发送数据。起始位占用 1 位，为低电平 0 信号。

（2）数据位

数据位即需要发送的数据。根据需要数据位可以是 5 位、6 位、7 位或 8 位数据，发送时首先发送低位，即低位在前，高位在后。

（3）奇偶校验位

奇偶校验位为可编程位，用来表明串行数据是采用奇校验还是偶校验。在字符帧中，奇偶校验位只占 1 位。

（4）停止位

停止位位于字符帧的末尾，表示一帧信息的结束。停止位可以取 1 位、1.5 位或 2 位，其为高电平 1 信号。

由于异步串行通信的双方没有同步的时钟，因此在单片机进行异步通信之前，需要通信双方统一通信格式，通信格式主要表现在字符帧的格式和通信波特率两个方面。下面分别介绍。

1）字符帧格式是字符的编码形式、奇偶校验形式及所采用的起始位和停止位的定义。例如在传送 ASCII 码数据时，起始位占 1 位，有效数据位取 7 位，奇偶校验位占 1 位，停止位取 1 位。这样一个字符帧共 10 位。通信的双方必须采用相同的字符帧格式。

2）波特率指的是每秒发送的二进制位数，单位为 bit/s，即位/秒，常称为波特。波特率是串口通信的重要指标，表明了数据传输的速度。波特率越高，数据传输速度也就越快。这里需要注意的是，波特率和字符的实际传输速度不相同，波特率等于一个字符帧的二进制编码的位数乘以字符/秒。通信的双方必须采用相同的波特率。

在异步通信的过程中，数据在传输线路上的传送一般是不连续的，即传输时字符间隔不固定，各个字符帧可以是连续发送，也可以是间断发送。在间断发送时，停止位之后，传输线路上自动保持高电平。

异步串行通信的优点是不需要进行时钟同步，字符帧的长度不受限制，使用起来比较简单，应用范围广；其缺点是传送每个字符都要有起始位、奇偶校验位和停止位，这样便降低了有效的数据传输速率。

2. 同步通信方式

同步通信是一种连续的串行传输数据的通信方式。同步串行通信的一次通信过程只传送一帧的信息。这里的帧和异步串行通信的帧具有不同的含义。同步通信由同步字符、数据字符和校验字符三部分组成。同步通信是把要发送的数据按顺序连接成一个数据块，在数据块的开头附加同步字符，在数据块的末尾附加差错校验字符。在数据块的内部，数据与数据之间没有间隔。

按照同步字符的个数，同步串行通信的字符帧有两种结构，分别为单同步字符帧结构和双同步字符帧结构，如图 3-49 所示。

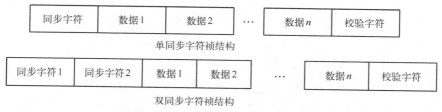

图 3-49　同步通信中的字符帧格式

在进行同步串行通信时，发送方首先发送同步字符，数据则紧跟其后发送。接收方检测到同步字符后，开始逐个接收数据，直到所有数据接收完毕，然后按照双方规定的长度恢复成一个个的数据字节。最后进行校验，如果无传输错误，则可以结束一帧的传输。在进行同步串行通信时，需要注意如下几点。

1）同步串行通信的过程中，数据块之间一般不能有间隔，如果需要间隔，则应发送同步字符来填充间隔。

2）在同步串行通信中，同步字符应该采用统一的格式。例如，在单同步字符帧结构中，同步字符常采用 ASCII 码中规定的 SYN 代码，即 16H；在双同步字符帧结构中，同步字符一般采用国际通用标准代码，即 EB90H。当然，也可以由通信的双方共同规定同步字符的格式。

3）同步串行通信方式中，发送方和接收方需要采用统一时钟，以保持完全同步。一般来说，如果是近距离数据传输，则可以在发送方和接收方之间增加一根公用的时钟信号线来实现同步；如果是远距离数据通信，则可以通过解调器从数据流中提取出同步信号，采用锁相技术使接收方获得和发送方完全相同的时钟信号，从而实现同步。

同步串行通信的优点是不用单独发送每个字符，其传输速率高，一般用于高速率的数据通信场合；缺点是需要进行发送方和接收方之间的时钟同步，整个系统设计比较复杂。

3.5.3 串行通信应用

串行通信是机器人通信的常用方式，它的工作模式包括三种，分别是单工（只能接收或者发送）、半双工（可以接收和发送，但是不能同时进行）和全双工（可以同时进行接收和发送）。串口通信包括 SPI、I²C、USART 等多种不同类型，其中 USART 最为通用。下面主要介绍 USART 通信的具体应用。

通信双方通过 USART 进行通信 USART 串行通信最核心的有 4 部分，分别是电源、地、接收端（RX）和发送端（TX）。通信双方通过 USART 进行通信，除了电源和地接到对应的位置外，还需要将两个模块的发送端和接收端交换连接，如图 3-50 所示。

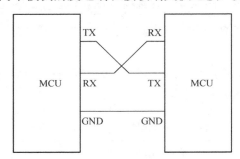

图 3-50　串口通信连接

串口通信有 TTL、RS-232、RS-485 等多种接口。其中 TTL 的逻辑电平 "0" 为 0V，逻辑电平 "1" 为 5V；RS-232 的逻辑电平 "0" 为 3～15V；逻辑电平 "1" 为-15～-5V。使用时，如果通信双方接口不同，需要借助电平转换模块实现电平电压的一致性，常见的有 RS-232 转 TTL 串口模块、RS-232 转 RS-485 串口模块、TTL 转 RS-232 串口模块，如图 3-51 所示。比如计算机的串行通信接口是 RS-232 的标准接口，而单片机的 USART 接口则是 TTL 电平，两者的电气规范不一致，所以要完成两者之间的串口通信，就需要借助接口芯片在两者之间进行电平转换，可以选择 RS-232 转 TTL 串口模块。

图 3-51　串口转换模块

要想实现串口通信，除了硬件匹配外，还要配以合适的通信程序，主要需要关注以下几个方面：

1）波特率设置。串口通信时需要考虑收发双方的波特率，即每秒钟传输的位数是否一致，如果波特率不一致，则无法实现通信。

2）数据格式设置，包括字长、停止位和校验位。接收双方要定义字长、是否有停止位、停止位的位数及有无校验位等信息，确保通信数据能被正确解析。

3）收发模式设置。一般有单工、半双工和全双工 3 种。

习题

1. 简述机器人电源系统的主要组成部分和各部分的主要功能。
2. 机器人电源系统中直流稳压电路有哪些种类？
3. 什么是 PWM 波？可以通过哪些方式产生 PWM 波？
4. 机器人的驱动器包括哪些种类？它们有什么区别？
5. 电动机的控制原理是什么？舵机的控制原理是什么？
6. A-D 接口电路的主要类型有哪些？如何使用逐次逼近法设计 A-D 转换器？
7. 机器人设计中什么情况下会考虑 OC/OD 电路？
8. STM32 单片机有几个时钟源？分别是什么？
9. 串行通信和并行通信的区别是什么？
10. 两个串口通信模块要实现通信，需要考虑哪些关键的要素？怎么实现通信？

第4章 机器人中的传感器

为了不完全依赖人的操纵而完成一定的作业任务，就需要机器人具有一定的感知外部环境和工作对象的能力。传感器犹如人类的感知器官，是机器人感知世界的媒介，它能够将感知的信息按照一定的规律转换成可用输出信号，为控制系统的决策服务。传感器还可用来检测机器人自身的状态，使得机器人能够更准确、高效地完成各种动作。有了传感器，机器人才具备了类似人类的知觉功能和反应能力。

本章首先介绍传感器的基本概念，然后讨论机器人中常用的一些外部传感器，分析它们的工作原理和使用方法，最后介绍用于检测机器人自身状态的内部传感器，为设计和制作机器人提供参考。

4.1 传感器

4.1.1 传感器的概念

随着信息技术的不断发展，世界进入了万物互联的时代。在利用信息的过程中，首先要解决的就是如何获取准确可靠的信息，而传感器是获取自然和生产领域中信息的主要途径与手段。

国家标准GB/T 7665—2005《传感器通用术语》中的定义，传感器是能感受被测量并按照一定的规律转换成可用输出信号的器件或装置，通常由敏感元件和转换元件组成"。从定义中可以看出，传感器是一种检测装置，能感受到被测量的信息，并能将感受到的信息按一定规律变换成所需形式的信息输出，以满足信息的传输、处理、存储、显示、记录等要求。

自然界中待测量的物理量可以以多种形式存在，例如温度、湿度、距离等，它们所包含的信息就蕴含在这些物理量的变化之中。由于电信号容易传送和控制，所以通常传感器将这些物理量转换为电信号进行处理和传输，也就是随时间变化的电压或电流。

实际的传感器一般由敏感元件、转换元件、变换电路和辅助电源4部分组成，如图4-1所示。敏感元件直接感受被测量，并输出与被测量有确定关系的信号；转换元件将敏感元件输出的物理量转换为电信号；变换电路负责对转换元件输出的电信号进行放大调制；转换元件和变换电路一般还需要辅助电源供电。

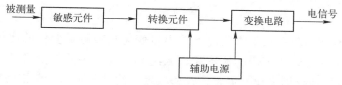

图 4-1　传感器的组成

目前传感器在工业生产、海洋探测、环境保护、医学诊断、生物工程等许多领域应用非常广泛，在推动经济发展和社会进步方面起着重要作用。例如，在现代工业自动化生产过程中，就需要用各种传感器来监视和控制生产过程中的各个参数，使设备工作在正常状态，没有众多优良的传感器，现代化生产也就失去了基础。

在基础学科研究中，传感器的作用也越来越重要。随着现代科学技术的发展，科学家大到要观察上千光年的茫茫宇宙，小到要观察粒子世界，为了开拓新能源、新材料，还需进行超高温、超低温、超高压、超强磁场等方面的研究。要获得这些人类感官无法直接获取的信息，就需要用到相适应的传感器。许多基础科学研究的障碍，首先就在于对象信息的获取存在困难，而一些新机理和高灵敏度传感器的出现，往往会导致该领域内的突破。可以毫不夸张地说，从茫茫的太空，到浩瀚的海洋，以至各种复杂的工程系统，几乎每一个现代化项目，都离不开各种各样的传感器。

4.1.2　传感器的分类

根据检测对象的不同，机器人中的传感器可以分为内部传感器和外部传感器。内部传感器主要用于检测机器人内部各系统的自身状态，例如各关节的位置、速度、加速度、电机速度、电机载荷、电池电压等，并将所测得的信息作为反馈信息送至控制器，形成闭环控制。外部传感器主要用来检测机器人所处的环境状况，例如距离、温度、亮度、湿度等。

根据采用的敏感元件和感知功能不同，传感器可以分为热敏元件、光敏元件、气敏元件、力敏元件、磁敏元件、湿敏元件等。根据输出信号的不同，传感器可以分为模拟传感器、数字传感器和开关传感器。模拟传感器将被测量转换成连续变化的电压或电流；数字传感器将被测量转换成数字输出信号；开关传感器是当一个被测量的信号达到某个特定的阈值时，传感器相应地输出一个设定的低电平或高电平信号。

根据作用形式的不同，传感器可以分为主动型传感器和被动型传感器。主动型传感器会对被测对象发出一定的探测信号，通过分析返回信号而获得待测信息，例如超声波测距传感器。被动型传感器是接收被测对象本身产生的信号，不主动产生探测信号，例如红外辐射温度计、视觉传感器等。

4.1.3　传感器的参数

传感器的性能可以通过一些指标参数来体现，常用的参数包括以下几种。

1. 线性度

线性度是指传感器输出量与输入量之间的实际关系曲线偏离拟合直线的程度，可以通过实际特性曲线与拟合直线之间的最大偏差值与满量程输出值之比来定量衡量。

2．灵敏度

灵敏度是指传感器在稳态工作情况下输出量变化与被测量变化的比值，也就是输入输出特性曲线的斜率。如果传感器的输出和输入之间呈线性关系，则灵敏度是一个常数。否则，它将随输入量的变化而变化。通常，在传感器的线性范围内，希望传感器的灵敏度高，因为当灵敏度高时，被测量的小范围变化所对应的输出信号变化较大，有利于信号处理。但要注意的是，传感器的灵敏度高，与被测量无关的外界噪声也会被放大，影响测量精度。因此，要求传感器本身应具有较高的信噪比，尽量减少从外界引入的干扰信号。

3．线性范围

传感器的线形范围是指输出与输入成正比的范围。理论上讲，在此范围内，灵敏度保持定值。传感器的线性范围越宽，其量程越大，并且能保证一定的测量精度。在选择传感器时，当传感器的种类确定以后，首先要看其量程是否满足要求。但实际上，任何传感器都不能保证绝对的线性，其线性度也是相对的。当所要求测量精度比较低时，在一定的范围内，可将非线性误差较小的传感器近似看作线性的，这会给测量带来极大的方便。

4．分辨率

分辨率体现传感器可感受到的被测量最小变化的能力。如果输入量的变化量未超过某一数值，传感器的输出不会发生变化，即传感器对此输入量的变化分辨不出来。只有当输入量的变化超过分辨率时，其输出变化才能检测出来。

5．稳定性

传感器使用一段时间后，其性能保持不变的能力称为稳定性。影响传感器长期稳定性的因素除传感器本身结构外，主要是传感器的使用环境。因此，要使传感器具有良好的稳定性，传感器必须要有较强的环境适应能力。

6．传感器精度

精度是传感器的一个重要的性能指标，它是关系到整个测量系统测量精度的一个重要环节。传感器的精度越高，其价格越昂贵，因此，传感器的精度只要满足整个测量系统的精度要求就可以，不必选得过高。

4.2　测距传感器

在机器人运动和作业过程中，经常需要测量与目标物或背景物的距离。常用的测距传感器包括超声波传感器、激光传感器和红外传感器等，既可用于机器人避障，也可用于机器人导航定位。

4.2.1　超声波传感器

人们能听到声音是由于物体振动产生声波，声波的频率在 20Hz～20kHz 范围内。超声波是一种振动频率高于声波的机械波，由换能晶片在电压的激励下发生振动而产生。超声波具有方向性好，穿透力强，能够成为射线而定向传播，易于获得较集中的声能等优点。超声波传感器是利用超声波的特性研制而成的传感器。由于其本身的直射性和反射性，以及不易受光照、电磁波等外界因素影响，所以在测距、探伤、测速等多个领域得到广泛应用。

1．工作原理

超声波传感器主要通过发送超声波并接收反射超声波来对被检测物进行非接触式的检测，所以通常由发送器、接收器、控制部分与电源部分组成。超声波发送器主要利用振子的振动产生超声波并向空中辐射；超声波接收器接收反射回来的超声波并将其转换为电信号输出。超声波发送器与接收器的动作都受控制部分所控制，如控制发送器发出超声波的脉冲频率、占空比等；整体系统的工作所需能量由电源部分提供。

超声波测距传感器主要采用直接反射式的检测模式，发送器和接收器位于同一侧，接收器通过接收反射回来的超声波，从而检测被测物，如图 4-2 所示。当发射器向某一方向发射超声波时开始计时，超声波在空气中传播时碰到障碍物就立即返回来，接收器收到反射波就立即停止计时。假设超声波在空气中的传播速度为 v，而发射和接收回波的时间差为 Δt，就可以计算出发射点与障碍物的距离 L，即

$$L=v\Delta t/2 \tag{4-1}$$

式（4-1）所用的测距方法称为时间差测距法。由于超声波是一种声波，其传播速度受温度的影响较大，例如 0℃时传播速度为 331m/s，常温（20℃）下传播速度是 343m/s，即温度每升高 1℃，声速增加约 0.6m/s，所以如果测距精度要求很高，则应通过温度补偿的方法加以校正。例如，若现场环境温度为 T℃时， 超声波传播速度 v 的计算公式可调整为

$$v = 331+0.6T \tag{4-2}$$

目前较为常用的一种超声波发生器是压电式超声波发生器，它是利用压电晶体的谐振来工作的。如图 4-3 所示，超声波传感器探头内部有两个压电晶片和一个共振板。当它两极间外加脉冲信号的频率等于压电晶片的固有振荡频率时，压电晶片会发生共振，并带动共振板振动，从而产生超声波。反之，如果两电极间未外加电压，当共振板接收到超声波时，将压迫压电晶片做振动，将机械能转换为电信号，这时它就成为超声波接收器。利用压电效应的原理将电能和超声波相互转化，为后续应用提供了硬件基础。

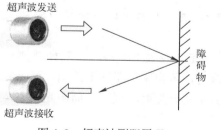

图 4-2　超声波测距原理

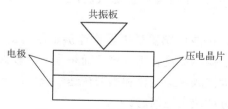

图 4-3　超声波传感器内部结构

超声波传感器的距离检测范围取决于其使用的波长和频率。波长越长，频率越小，其检测范围越长。

2．超声波测距传感器的应用

超声波传感器对透明或有色物体、金属或非金属物体、固体、液体、粉状物质均能检测，其检测性能受环境条件的影响小，所以有着广泛的用途。本节以 HC-SR04 超声波模块为例，介绍超声波传感器在测距方面的具体应用。

HC-SR04 模块的外形如图 4-4 所示，可提供 2～400cm 的非接触式距离感测功能，测距精度可达 3mm。该模块有 4 个外接端口：VCC、trig、echo 和 GND。其中 VCC 是外加电源端口，通常在 5V 左右，GND 是接地端，trig 是控制端口，用于上位机产生触发模块测距的脉冲，echo 是接收端口，用于检测超声波模块的返回。通常将 trig 和 echo 端口分别与上位机的 IO 端口相连，以控制模块的工作。HC-SR04 模块工作时序图如图 4-5 所示。

 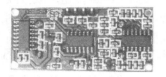

图 4-4　HC-SR04 超声波模块

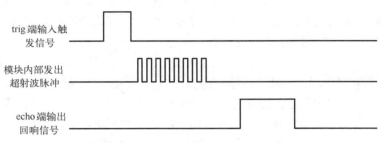

图 4-5　HR-SR04 模块时序图

模块的具体工作过程如下。

1）初始化。初始化时将 trig 和 echo 端口都置低。

2）触发测距。通过上位机的 IO 端口给 trig 端口发送至少 10μs 的高电平信号，模块自动发送 8 个 40kHz 的方波。

3）捕捉返回。上位机的 IO 端口等待，当捕捉到 echo 端输出的上升沿时，打开定时器开始计时，等到捕捉到 echo 的下降沿时，停止计时，读出计时器的时间。这个时间就是超声波在空气中传播的时间。

4）计算距离。按照被测距离=（高电平时间×声速)/2 就可以算出超声波到障碍物的距离。

超声波传感器是依据声速测量距离的，因此存在一些固有的缺点，例如待测目标与传感器的换能器没有正对着，而是呈一个较大的角度时，测出来的距离不准确；同时在温度梯度较大造成声速变化和需要快速响应的场合下，就不适合超射波测距。而激光距离传感器可以部分解决上述问题。

4.2.2　激光传感器

激光传感器是利用激光技术进行测量的传感器，由激光器、激光检测器和测量电路组成，它利用激光的高方向性、高单色性和高亮度等特点可实现无接触远距离测量，其优点是速度快，精度高，量程大，抗光电干扰能力强等。

1．工作原理

激光传感器工作时，先由激光发射二极管对准目标发射激光脉冲，经目标反射后，部分光返回到接收器，经放大后转化为相应的电信号。

激光测距一般采用三种方式来测量距离，即脉冲法、相位法和三角测距法。

（1）脉冲法测距

脉冲法测距的原理如图 4-6 所示。测距传感器发射出的激光经被测量物体的反射后又被测距传感器接收，传感器同时记录激光往返的时间。光速和往返时间乘积的一半，就是传感器与被测量物体之间的距离，具体计算公式为

$$L=c\Delta t/2 \tag{4-3}$$

式中，L 为测量距离；c 为光在空气中传播的速度；Δt 为光波信号的往返时间。

由于光的传播速度比较快，所以在使用脉冲法测距时，需要计数时钟的周期远小于发送脉冲和接收脉冲之间的时间，这样才能够保证足够的精度。由于高速读取脉冲光的电路设计和配置较为复杂，因此这种测距方法适用于远距离测量。目前，脉冲式激光测距广泛应用在地形地貌测量、地质勘探、工程施工测量、飞行器高度测量等领域。

（2）相位法测距

相位法测距是通过调制信号对发射光波的光强进行调制，通过测量相位差来间接测量时间，较适合于中短距离的测量，测量精度可达毫米和微米级，工作原理如图 4-7 所示。由于无须测量时间的电路，比直接测量往返时间的处理难度降低了许多。测量距离可表示为

$$L = \frac{1}{2}\frac{\varphi}{2\pi}Tc \tag{4-4}$$

式中，L 为测量距离；c 为光在空气中传播的速度；T 为调制信号的周期；φ 为发射与接收波形的相位差。

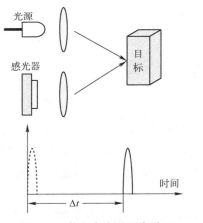

图 4-6　激光脉冲测距法原理

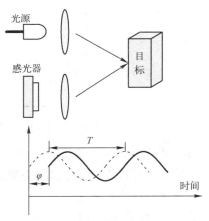

图 4-7　激光相位法测距原理

当调制信号为单一频率时，若传感器与待测目标距离较远，发射和接收波形的相位差可能会超过 2π。但是由于调制信号的周期性，利用相位法只能分辨出不足 2π 的相位，而无法判断相位差是否超过 2π，故不能分辨实际距离在一个还是多个测量周期内，因而不适用于长距离的测量。例如，当选择调制信号的频率为 50kHz 时，根据式（4-4）可得最大测量距离为 3000m，即当测量的实际距离在 3000m 之内时，得到的结果是正确的，否则会出现测距错误。所以在测量时需要根据最大的距离来选择调制频率。为了提高测量精度，通常需

要把激光调制频率提高，为了增大量程，通常把激光调制频率降低，即在单一调制频率的情况下，大测程与高精度是不能同时满足的。

（3）三角测距法

激光三角测距法主要是通过一束激光照射被测目标，在目标表面发生反射后，在另一角度利用透镜对反射光汇聚成像。当被测物体沿激光方向发生移动时，位置传感器上的成像点将产生移动，其位移大小与被测物体的移动距离存在一定的对应关系，从而可以由成像点位移距离计算出被测目标物体的距离。由于入射光和反射光构成一个三角形，所以可以采用几何三角定理计算，这种测量法被称为激光三角测距法。

图 4-8 为直射式激光三角测距法的原理图，其中 b 为基线，也就是激光器光轴与接收镜头光轴中心的距离，f 为接收透镜的焦距，x 为接收像点到镜头光轴的距离，d 为目标物体与激光器的距离。根据相似三角形的对应关系，可知

$$\frac{d}{b} = \frac{f}{x} \tag{4-5}$$

故有

$$d = \frac{bf}{x} \tag{4-6}$$

通常 b 和 f 是已知的，所以只要测量出偏移量 x，即可获得与目标的距离 d。

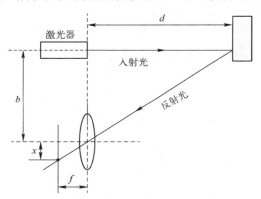

图 4-8 直射式激光三角测距法

在实际应用中，为了提高距离分辨率，以及充分利用成像图像传感器的像素资源，通常将发射光线光轴与接收透镜主光轴布置为呈一定斜角，称为斜射式激光三角测距法，但相似三角形的基本原理并无变化。

由于激光具有高方向性、高单色性和高功率等优点，这些对于测量距离、判定目标方位、提高接收系统的信噪比、保证测量精度等都是很关键的，因此激光测距日益受到重视。在此基础上发展起来的激光雷达不仅能测距，而且还可以测目标方位、运动速度和加速度等，例如采用红宝石激光器的激光雷达，测距范围为 500～2000km，误差仅几米。

2．激光测距传感器的应用

激光传感器在测距方面有着广泛的用途，本节以 L1A05RS232 激光测距传感器为例，

介绍其在测距方面的具体应用。该传感器模块具体外形如图 4-9 所示。

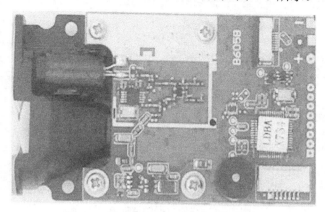

图 4-9　L1A05RS232 激光测距传感器

L1A05RS232 模块是一种基于相位式测量原理的激光测距模块，它的测量范围为 0.03～50m，分辨率为 1ms。当用于测量距离时，它与外部设备有 4 个引脚相连，即电源、地、TX 和 RX，电源通常为 5V，TX 和 RX 用于和上位机通过串口通信，默认的通信速率为 19200bit/s。

上位机可以通过发送命令码配置传感器。当上位机发送字母"O"时打开激光，发送字母"C"时关闭激光，发送字母"D"为测量距离，发送字母"S"时查看模块温度及供电情况；发送字母"F"时进入快速测量模式。

当接收到命令码时，模块会重复一次命令码，然后再运行命令。当检测到测量信息时，模块以 ASCII 码的形式给上位机返回数据，每条返回都以 \r\n（回车和换行符）为结尾。

例如，当发送测距命令"D"时，若测量出的距离为 0.189m，则模块返回的数据为：0x44 0x3A 0x20 0x30 0x2E 0x31 0x38 0x39 0x6D 0x2C 0x30 0x31 0x31 0x39 0x0D 0x0A，它表示的内容为"D：0.189m0119\r\n"。图 4-10 给出了串口助手工具以十六进制显示接收到的测量数据，图 4-11 给出了串口助手工具以 ASCII 码显示的测量数据。

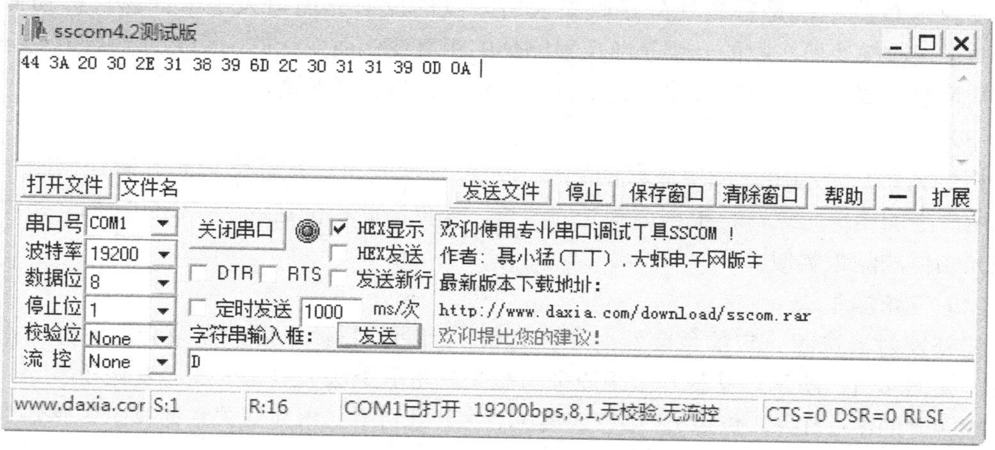

图 4-10　测量数据的十六进制显示

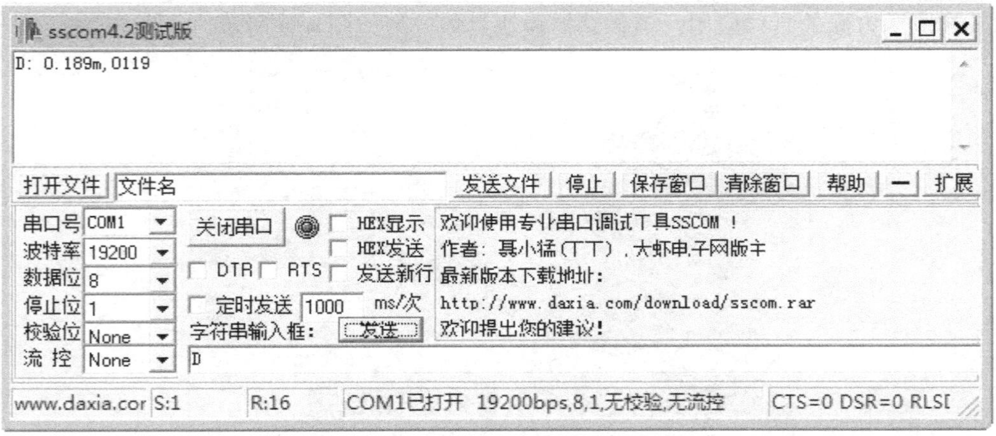

图 4-11　测量数据的 ASCII 码显示

4.2.3　红外传感器

红外传感器是一种以红外线为介质来完成测量功能的传感器。由于红外线传播时具有不扩散、折射率小、响应速度快等诸多优点，红外传感器现已在诸多领域得到广泛应用。

红外传感器具有一对红外信号发射与接收二极管，发射管发射特定频率的红外信号，接收管接收这种频率的红外信号，当在红外线的检测方向遇到障碍物时，红外信号反射回来被接收管接收，经过处理之后，返回到机器人主机，机器人即可利用红外的返回信号来识别周围环境的变化。

1．红外测距的常见方法

红外测距的常用方法包括以下几种。

（1）时间差测距法

时间差测距法是计算红外线从发射模块发出，经障碍物反射后，由接收模块接收所需要的时间，再通过光传播距离公式来计算出传播距离。

（2）反射能量测距法

反射能量测距法是根据红外接收模块所接收的反射光能量大小来计算目标物体的距离。由于接收模块所接收的光强是随反射物体的距离变化而变化的，距离近则反射光强，距离远则反射光弱，因而根据接收的光能量大小获得目标物的距离。

（3）相位测距法

相位测距法是利用无线电波段的频率，对红外激光束进行幅度调制并测定调制光往返一次所产生的相位延迟，再根据调制光的波长，换算出此相位延迟所代表的距离，基本原理与激光相位法测距类似。

（4）三角测距法

红外发射器按照一定的角度发射红外光束，当遇到物体以后，光束会反射并由检测器接收，如图 4-12 所示，其基本测距原理与激光三角测距法类似。知道了发送角度 α，发射器和检测器的中心距 b，焦距 f，偏移距离 x，就可以利用三角几何关系计算出传感器到物体的距离 d。

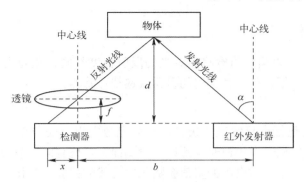

图 4-12　三角测距法原理

2.红外传感器测距应用

Sharp GP2Y0A21YK0F 模块是一种基于三角测距法原理的红外传感器。如图 4-13 所示，由红外发射管、光线在物体上的反射点和位置检测装置（Position Sensing Device，PSD）为三个顶点构成一个三角形，其中 PSD 可以检测到光点落在它上面的微小位移。

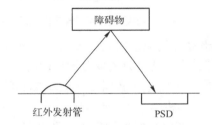

图 4-13　GP2Y0A21YK0F 模块测距原理

模块外形如图 4-14 所示，对外有三个端口，分别为 VCC、Vo 和 GND。VCC 是外加电源端口，通常可设定为 5V 左右，GND 接地，Vo 是测量信号模拟输出，大小与测量距离相对应，可直接和外部的 A-D 电路相连，转换为数字值。该模块测量距离在 10～80cm，比较适合近距离检测障碍物。

图 4-14　GP2Y0A21YK0F 模块外形

4.3　灰度和颜色传感器

机器人在运动过程中，有时需要检测工作环境的状态，例如地面或目标物的颜色等。此时可以采用灰度传感器和颜色传感器。灰度传感器主要用于区分检测面颜色深浅（灰度），而颜色传感器可以获得检测面的具体颜色。

4.3.1　灰度传感器

灰度传感器利用不同颜色的检测面对光的反射程度不同，从而进行颜色深浅检测。由于其结构简单，使用方便，是一种实用的机器人巡线传感器。

1．工作原理

灰度传感器通常包括一只发光二极管和一只光敏电阻，安装在同一个平面上。在有效的检测距离内，发光二极管发出白光，照射在检测面上，检测面反射部分光线，由光敏电阻检测此光线的强度。由于光敏电阻的阻值会随照射光线的强弱而变化，在连接外部电路时，输出的电信号也会产生一定的变化，故可以通过后续分析判断出检测面的颜色深浅，工作原理如图 4-15 所示。

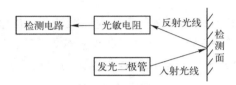

图 4-15　灰度探测传感器工作原理

例如，在一些智能车的比赛过程中，需要机器人按照地面事先设置好的路线行进，常见检测面为绿白色、黑白色等。由于此时只需要分辨出两种不同的颜色，实现二值判决，所以可以在光敏电阻之后，增加一个电压比较器，比较采集到的信号电压数值与判决电压数值，从而输出高电平或低电平，为机器人下一步的运动提供决策。

当检测面颜色比较接近，或者包含多种颜色时，可以把检测电路的输出与 A-D 转换电路相连接，就可以根据检测到的不同光强输出不同的数字信号，以识别和区分不同检测面。

在使用灰度传感器时，外界光线的强弱对其影响较大，会直接影响到检测效果，所以实际使用时要注意包装好传感器，避免外界光的干扰。同时传感器到检测面的距离和测量的准确性有直接关系，在机器人运动时机体的振荡同样会影响其测量精度，这都需要在安装和后期判决时加以考虑。

2．灰度传感器的应用

本节以 Sen1595 模块为例，介绍灰度传感器的具体应用。

（1）Sen1595 数字灰度传感器

Sen1595 模块是一种常用的数字输出灰度传感器，可用于识别智能车寻线比赛中常见的绿白色、黑白色等。该模块外形如图 4-16 所示，对外接口有三个，分别为 VCC（电源）、GND（地）和 SIG（输出信号），其中供电电压为 DC 4～6V，推荐电压为 5V 左右。它由 LED 发光二极管、光敏电阻、可调电位器和电压比较器等部分组成。探测距离为 8～35mm，推荐距离为 10～20mm。

图 4-16　Sen1595 模块外形

Sen1595 模块的发光源采用高亮白色聚光 LED，接收管根据反射光的强度产生不同的电压，送入电压比较器，并与预设的基准电压比较。反射光强度越大，接收管电压越低，当低于基准电压时，比较器输出低电平；反射光强度越弱，接收管电压越高，当高于基准电压时，比较器输出高电平。所以 Sen1595 传感器的输出方式为数字输出，即 1（高电平）或 0（低电平），只适合用于两种检测面灰度值差异较大的场合。

实际应用中，为了适应不同的场地、光线等情况，可以通过可调电位器调节比较器的基准电压，一般将基准电压设置为两种灰度反射产生的接收管电压的中间值。

（2）RB-02S078A 模拟灰度传感器

RB-02S078A 模块是一种模拟输出灰度传感器，模块外形如图 4-17 所示，对外接口有三个，分别为 VCC（+）、GND（-）和 S（输出信号）。传感器包括一个白色高亮发光二极管和一个光敏电阻，由于发光二极管照射到灰度不同的物体返回的光强度不同，而光敏电阻接收到不同的光强阻值也不同，从而输出不同的电压。当 S 端口外接 A-D 转换电路后，就可以得到不同的数据值，从而用来分辨多种不同灰度的物体。

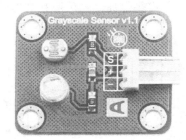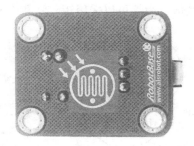

图 4-17　RB-02S078A 模拟输出灰度传感器外形

4.3.2　颜色传感器

颜色传感器是一种可以识别物体颜色的传感器，它将物体的表面颜色转换成相应的电压或不同频率的方波输出，后续微处理器与预先定义好的参考颜色进行比较，当两者在一定的误差范围内相吻合时，输出颜色检测结果。

1．工作原理

自然界可见到的绝大部分彩色都可以由几种不同波长（颜色）的单色光相混合来等效，这一现象称为混色效应，可以通过三基色原理来描述。三基色原理的主要内容如下。

1）自然界中的绝大部分彩色，都可以由三种基本颜色（称为基色）按一定比例混合得到；反之，任意一种彩色都可以分解为三种基色。

2）作为基色的三种彩色要相互独立，即其中任何一种基色都不能由另外两种基色混合产生。

3）由三基色混合而得到的彩色光的亮度等于参与混合的各基色的亮度之和。

红色（Red）、绿色（Green）和蓝色（Blue）就是一类三基色。它们之间按不同比例混合可呈现不同的颜色。如图 4-18 所示，红色和绿色按一定比例混合可以呈现黄色；红色和蓝色按一定比例混合可以呈现出紫色；红色、绿色和蓝色按照一定比例混合可以呈现出白色。

通常人眼所看到的物体颜色，实际上是物体表面反射光在人眼中的反应。例如，当白光照射到物体表面上时，如果其他颜色的光谱分量都被物体吸收，而只反射红色的光谱分量，就认为物体是红色的；如果物体只反射绿色的光谱分量，就认为物体是绿色的；如果所有的光谱分量都被吸收，就认为是物体是黑色的。所以可以通过分析反射光包含的光谱分量来判断物体的颜色。

颜色传感器对物体颜色的识别就是基于这个原理，称为色度分析法，就是将高强度白光照射到物体表面，从接收到的反射光中检测出所包含的红、绿、蓝分量及其强度，从而进一步判断物体表面的颜色。

常用的颜色传感器主要有光-电压颜色传感器和光-频率颜色传感器。图 4-19 是一种模拟光-电压颜色传感器的结构原理图。当来自光源（如白色 LED）的光照射到物体表面，经物体反射后，反射光进入颜色传感器，经颜色滤波器后，投射到光电二极管阵列，并由光转换成电流，其幅度取决于亮度及入射光的波长，再通过电流-电压转换电路转换成三路输出电压 V_{Rout}、V_{Gout} 和 V_{Bout}，三个模拟输出电压可以再通过 A-D 转换器转换成数字值。有了颜色传感器的数值，后续可以采用矩阵法和查表法等方式获得具体的色彩和亮度的描述。

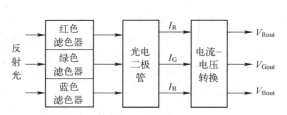

图 4-18　加混色原理图　　　　图 4-19　模拟光-电压颜色传感器结构原理图

光-频率颜色传感器是将反射光转换为一个与红、绿、蓝光分量的强度成正比的频率脉冲序列，后续的处理器只是简单地测量一个周期内来自传感器的脉冲数，即可判断出物体的颜色。

2. 颜色传感器的应用

本节以 TCS230 传感模块为例，介绍颜色传感器的具体应用。

TCS230 是一种可编程的彩色光到频率的转换器。它把可配置的硅光电二极管与电流频率转换器集成在一个 CMOS 电路上，在单一芯片上集成有 64 个光电二极管，其中 16 个光电二极管带有红色滤波器，16 个光电二极管带有绿色滤波器，16 个光电二极管带有蓝色滤波器，其余 16 个不带有任何滤波器，可以透过全部的光信息。这些光电二极管在芯片内是交叉排列的，能够最大限度地减少入射光辐射的不均匀性，从而增加颜色识别的精确度；另一方面，相同颜色的 16 个光电二极管是并联连接的，均匀分布在二极管阵列中，可以消除颜色的位置误差。

TCS230 模块的外形图、TCS230 芯片引脚及功能框图如图 4-20 所示，其中 VCC 为电压引脚，通常为 5V 左右；OE 是使能端引脚，用于芯片使能选择；OUT 是信号的输出引脚，用于输出不同频率的脉冲。

输入引脚 S0、S1 的不同组合，可设置不同的输出比例因子，对输出频率范围进行调整，以适应不同频率计数器或微控制器的处理能力。输入引脚 S2、S3 的不同组合，可以选择不同的颜色滤波器，经过电流到频率转换器后输出不同频率的方波。不同的颜色和光强对应不同频率的方波。

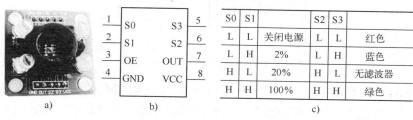

S0	S1		S2	S3	
L	L	关闭电源	L	L	红色
L	H	2%	L	H	蓝色
H	L	20%	H	L	无滤波器
H	H	100%	H	H	绿色

a)   b)   c)

图 4-20　TCS230 颜色传感器

由三基色感应原理可知，如果知道构成各种颜色的三基色的值，就能够知道所测试物体的颜色。对于 TCS230 来说，当选定一个颜色滤波器时，它只允许某种特定的基色通过，阻止其他基色的通过。例如，当选择红色滤波器时，入射光中只有红色可以通过，蓝色和绿色都被阻止，这样就可以根据输出的信号频率得到红色光的光强；当选择绿色或蓝色滤波器时，就可以分别得到蓝色光或绿色光的光强。所以通过上位机依次选择三个滤波器，获得体现三种光强的频率值，就可以分析出投射到 TCS230 传感器上的光的颜色。

在实际使用 TCS230 颜色传感器检测物体颜色时，通常要先进行白平衡，为后续的颜色识别做准备。白平衡就是告诉系统什么是白色。从理论上讲，白色是由等量的红色、绿色和蓝色混合而成的，但在实际应用中，TCS230 传感器对 RGB 这三种基本色的敏感性并不相同，导致 TCS230 的 RGB 输出并不相等，因此在测试前必须进行白平衡调整。

对于白平衡参数的调整可以采用如下方法。将一个标定为"白色"的物体放在传感器前，设置定时器为一个固定时间，依次选通三种颜色滤波器，计算这段时间内三种滤波器的输出脉冲数。由于理论上对于白色，三个通道的脉冲数应该相同，所以计算出 3 个通道的比例系数 k_r、k_g 和 k_b，使得乘以比例系数后各通道的脉冲数都变为 255。

在使用 TCS230 进行具体颜色识别时，使用同样的时间依次选通三种颜色滤波器，并进行输出脉冲计数，把测得的 3 个脉冲数分别乘以前面获得的 3 个调整参数 k_r、k_g 和 k_b，就可以根据频率和颜色的对应关系，获得物体实际所对应的 RGB 值了。

4.4　视觉传感器

视觉传感器是利用光学元件和成像装置获取外部环境图像信息的装置，是摄像头的重要组成部分。由于图像包含的信息比较丰富，视觉传感器在目标检测、定位和识别中有着重要的作用。

1. 工作原理

视觉传感器的工作原理如图 4-21 所示，景物通过镜头生成的光学图像投射到图像传感器表面，然后转换为电信号，经过 A-D 转换后变成图像数据，再送到数字信号处理芯片中进行处理。

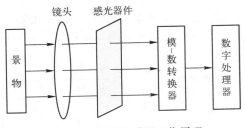

图 4-21 视觉传感器工作原理

根据感光成像元件的不同，视觉传感器可分为 CCD 和 CMOS 两大类。CCD 是应用在摄影摄像方面的高端技术元件，CMOS 则应用于较低影像品质的产品中，它的优点是制造成本较 CCD 更低，功耗也低得多。尽管在技术上有较大的不同，但 CCD 和 CMOS 两者性能差距不是很大，只是 CMOS 摄像头对光源的要求要高一些，但该问题已经基本得到解决。

自然界中存在的图像通常是模拟量，为了完成后续的数字处理需要将模拟信号数字化，转换为数字图像，如图 4-22 所示。一幅数字图像的最小分割单元是像素，每个像素具有两个属性，即位置和灰度值（或 RGB 彩色值）。位置表明这个像素在整个图像中的横坐标和纵坐标，灰度值表示它的亮度（或具体色彩）。像素排列在一起，就形成了一幅数字图像。

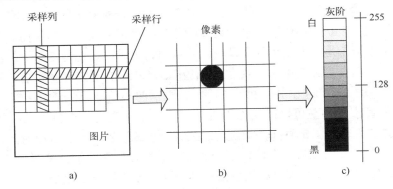

图 4-22 数字图像的构成

a) 由行列组成的图像 b) 像素 c) 灰度等级

在描述数字图像过程中，经常会用到分辨率的概念，分辨率包括空间分辨率和灰度分辨率。空间分辨率是指一幅图像中所包含的像素个数，例如，一幅图像的尺寸为 512×512，就意味着它由 512 行和 512 列像素组成，共计 262144 个像素。通常所说的摄像头分辨率为 100 万，就是指它的空间分辨率，即它所拍摄的图片可以达到 100 万个像素。灰度分辨率是指描述每个像素灰度值所需的数值等级，它体现了一幅图像中各像素的亮度差别。例如，若一幅图像的每个像素可用 8 位来表示，则说明它的像素值可以为 0～255，可以表示 256 个不同的颜色层次。

除了灰度图像，经常还会遇到二值图像和彩色图像。二值图像是指图像中每个像素的像素值只需要 1 位来表示，0 表示黑，1 表示白，没有中间的过渡，故又称为黑白图像。彩色图像的每个像素的位置信息和灰度图像定义一致，但是用三个颜色值来替代灰度值来表示每个像素值信息。

对于彩色图像的数据描述存在多种色彩系统，这里重点介绍两种视觉传感器常用的色彩系统：RGB 色彩系统和 YUV 色彩系统。

（1）RGB 色彩系统

前面讲过红色、绿色和蓝色是三基色，它们之间按一定比例混合可以构成其他颜色。采用 RGB 色彩系统时，数字图像中每个像素的颜色值都由 RGB 三个分量值组成。如果每个分量用 8 位表示，那么一个像素的颜色可以用 24 位表示，记为 RGB24 模式，也就是说每个像素可以表示 $2^{24}=16777216$ 种颜色，这足以表示出人眼可以分辨出来的各种色彩。例如 $R=0$、$G=0$、$B=0$ 表示黑色；$R=255$、$G=0$、$B=0$ 表示红色；$R=0$、$G=255$、$B=0$ 表示绿色；$R=0$、$G=0$、$B=255$ 表示蓝色。其余各种色彩均可以由这三个分量的不同比例来产生。

在实际应用中，如果 RGB 彩色图像每个像素都需要 24 位表示，所产生的数据量较大，对存储和计算的要求也比较高，再加上人眼也区分不出来 16777216 种颜色，所以一种常用的方式是用 16 位（2 个字节）表示像素的颜色，这刚好也可以用 16 位硬件系统的一个整型（int）表示。这种表示方法通常称为 RGB565 模式，数据格式如图 4-23 所示，即第一个字节的前 5 位用来表示 R，第一个字节的后 3 位加上第二个字节的前 3 位用来表示 G，第二个字节的后 5 位用来表示 B。

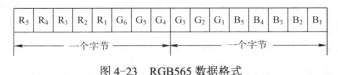

图 4-23　RGB565 数据格式

对于一些只关注物体的亮度信息而不关注颜色信息的应用，可以将彩色图像进行灰度化处理，具体可以采用如下的亮度方程：

$$Y = 0.299R + 0.587G + 0.114B \tag{4-7}$$

式中，Y 表示像素的灰度值。

（2）YUV 色彩系统

YUV 色彩系统采用亮度信号 Y 和色差信号 UV 来描述像素颜色，其中 Y 分量和 UV 分量是可以分离的，如果只有 Y 信号分量而没有 UV 分量，则图像为灰度图像。由于人眼对亮度信息更加敏感，对色度信息敏感度不高，所以在图像压缩编码中常用使用 YUV 格式，这种格式可以去除冗余信息，所以可以压缩 UV 数据，而人眼难以察觉。YUV 颜色空间与 RGB 颜色空间的转换关系如下：

$$\begin{bmatrix} Y \\ U \\ V \end{bmatrix} = \begin{bmatrix} 0.299 & 0.587 & 0.114 \\ -0.147 & -0.289 & 0.436 \\ 0.615 & -0.515 & -0.100 \end{bmatrix} \begin{bmatrix} R \\ G \\ B \end{bmatrix} \tag{4-8}$$

如果要由 YUV 空间转换成 RGB 空间，只要进行相应的逆运算即可。

2．视觉传感器的应用

本节以 OV7670 模块为例，介绍视觉传感器的具体应用。OV7670 模块是一种数字输出的 CMOS 摄像头模块，包含 30 万像素的 CMOS 图像感光芯片，3.6mm 焦距的镜头和镜头座，其体积小、工作电压低，可提供单片 VGA 摄像头和图像处理器的所有功能。

OV7670 模块的外形和引脚如图 4-24 所示。其中 VCC 是电源端口，通常为 3V 左右，

GND 是接地端口。SIO_C 和 SIO_D 是 SCCB 接口的控制时钟和串行数据的输入输出端，可用于对 OV7670 的内部寄存器进行配置。VSYNC 和 HREF 分别输出帧同步和行同步信号，PCLK 输出像素时钟，XCLK 输入时钟信号。8 根数据线 D7～D0 用来输出 8 位图像数据。RESET 为低电平复位端口，PWDN 为功耗选择模式端口，正常使用时拉低。

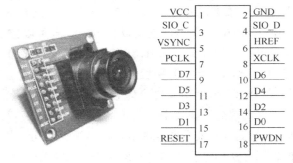

图 4-24　OV7670 模块外形及引脚图

OV7670 大致工作过程为：光照射到感光阵列产生相应电荷，传输到相应的模拟信号处理单元，由 A-D 转换为数字信号，再由模块内部的数字信号处理器插值到 RGB 信号，最后传输给外部处理器。

通过SCCB接口可以对传感器的内部寄存器进行配置，以控制 OV7670 图像传感器的图像质量、输出数据格式和传输方式，包括伽马曲线、白平衡、饱和度、色度等。传感器输出的图像尺寸为 640×480，帧率最大可达每秒 30 帧。同时通过寄存器配置，OV7670 的输出数据格式有 RGB raw 输出、RGB 565/555/444 输出、YUV 输出和 YcbCr 输出等。由于每一个 RGB 像素数据有 16 位，这 16 位的数据分成两次从 8 位的数据总线输出，后续处理器接收到这些数据，需要采用相应的处理方法将两个字节的数据对应到一个像素，再进一步对图像进行分析处理。

4.5　惯性测量传感器

惯性测量传感器主要用于检测和测量物体的加速度、倾斜、振动、旋转等，是解决导航、定向和运动载体控制的重要部件。

本节重点介绍常用的三种惯性测量传感器，即加速度传感器、陀螺仪和磁传感器。加速度传感器主要用于检测物体加速度的大小和方向；陀螺仪可利用陀螺效应，通过与初始方向的偏差计算出物体实际方向；磁传感器通常用于测试磁场强度和方向。

以重力为参照的加速度传感器和以地磁为参照的磁传感器可以在地球表面形成垂直和水平面的三维空间覆盖，但因为二者均以地球而并非物体本身为参照物，因此不能很好地模拟物体的整个运动过程。此外，由于加速度传感器容易受到线性运动时产生的力的干扰，磁传感器容易受到金属及手机等其他磁场的干扰，故应用受到了很大的局限。陀螺仪作为一种测量角速度的传感器，以物体本身作为参照物，而且具有很高的精度，因此可以对其他运动传感器做有益的补充，从而使得运动检测更加完备。所以在实际应用中，通常将这三种传感器根据需求结合在一起使用，例如惯性测量单元（IMU）就是一种常用于测量物体三轴姿态角（角速度）以及加速度的装置，主要由三个加速度传感器、三个陀螺仪以及解算电路组成。

4.5.1　加速度传感器

加速度传感器是一种能感受加速度并转换成可用输出信号的传感器，通常由质量块、阻尼器、弹性元件、敏感元件和适调电路等部分组成。由于物体加速过程中受到的惯性力会造成传感器内部敏感部件发生变形，通过测量其变形量并用相关电路转换成电压输出，即可得到力的大小。根据牛顿第二定律，加速度等于力除以质量，从而可获得物体加速度值。常见的加速度传感器包括压阻式、压电式和电容式等。

（1）压阻式

压阻式加速度传感器是利用测量固定质量块在物体加速运动时产生的力来测得加速度的，通常由弹性梁、质量块、固定框组成，如图 4-25 所示。当有加速度作用于传感器时，传感器的惯性质量块便会产生一个惯性力，此惯性力作用于传感器的弹性梁上，便会产生一个正比于惯性力的应变，此时弹性梁上的压敏电阻也会随之产生一个变化量ΔR，再由外部检测电路输出一个与ΔR成正比的电压信号 V。

图 4-25　压阻式加速度传感器

（2）压电式

压电式加速度传感器是利用压电陶瓷或石英晶体的压电效应，在加速度传感器受振时，质量块加在压电材料上的力也随之变化，会产生与之成正比的电信号，如图 4-26 所示。当被测振动频率远低于加速度传感器的固有频率时，力的变化与被测加速度成正比。

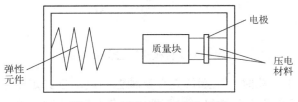

图 4-26　压电式加速度传感器

（3）电容式

电容式传感器中一般由可运动质量块与固定电极组成电容，其中一个电极是固定的，另一变化电极是弹性膜片，如图 4-27 所示。当受加速度作用时，质量块与固定电极之间的间隙会发生变化，从而使电容值发生变化，再利用外部电路，转换为待检测的电压。

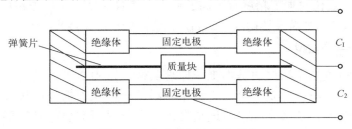

图 4-27　电容式加速度传感器

在机器人运动检测中，加速度是个空间矢量，所以通常会用到三轴加速度传感器。一方面，要准确了解物体的运动状态，必须测得其三个坐标轴上的分量；另一方面，在预先不知道物体运动方向的场合下，只有应用三轴加速度传感器来检测加速度信号。

4.5.2　陀螺仪

绕一个支点高速转动的刚体称为陀螺。陀螺仪是依据运动物体高速旋转时角动量很大，旋转轴会一直稳定指向一个方向的性质所制造出来的定向装置。根据这个原理，可以用它来保持方向，然后用多种方法读取轴所指示的方向。陀螺仪可用于运动物体的自动控制系统中，作为水平、垂直、俯仰、航向和角速度传感器，可以精确地确定运动物体的方位，是现代航空、航海、航天和国防工业中广泛使用的一种惯性导航仪器。

陀螺仪可以分为机械陀螺仪、光纤陀螺仪、激光陀螺仪和微机电陀螺仪等。

1. 机械式陀螺仪

传统的惯性陀螺仪主要是机械式陀螺仪，基本部件包括转子、旋转轴、内外框架和相关附件等，其中转子装在一支架内，对旋转轴以极高角速度旋转。在通过转子中心轴上加一内环架，那么陀螺仪就可环绕平面两轴做自由运动，可构成一个二自由度陀螺仪。如果在内环架外加上一外环架，这个陀螺仪就有两个平衡环，可以环绕平面三轴做自由运动，就是一个三轴陀螺仪，如图4-28所示。

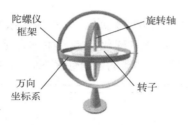

图4-28　机械式陀螺仪示意图

当物体的姿态发生变化时，陀螺仪具有定轴性和进动性。定轴性是指当陀螺高速旋转时，若没有任何外力矩作用在陀螺仪上，陀螺轴方向保持稳定不变的特性。此时无论如何改变框架的方位，其中心轴的空间取向都保持不变，也就是其角动量守恒，这是陀螺仪可作为定向指示仪的重要特性。进动性是指当陀螺转子以高速旋转时，如果施加的外力矩是沿着除自转轴以外的其他轴向，陀螺并不顺着外力矩的方向运动，其转动角速度方向与外力矩作用方向互相垂直，所以陀螺仪可以作为一种角速度检测传感器。

由于机械式陀螺仪对加工精度有很高的要求，而且振动对其检测精度影响较大，因此以机械陀螺仪为基础的导航系统精度不太高，在实际应用中正逐步被淘汰。

2. 光纤和激光陀螺仪

光纤陀螺仪和激光陀螺仪的基本工作原理类似，都由激光器发射出的光线朝两个方向沿光学环路传播，不同的是一个在光纤中传播，一个在谐振腔中传播。若环路通道本身具有一个转动速度，那么光线沿着通道转动方向行进所需要的时间要比沿着通道转动相反的方向行进所需要的时间多。也就是说当光学环路转动时，在不同的行进方向上，光学环路的光程相对于环路静止时的光程都会产生变化。利用光程的这种变化，检测出两条光路的相位差或干涉条纹的变化，就可以测出光路旋转角速度。光纤陀螺仪的原理如图 4-29 所示。

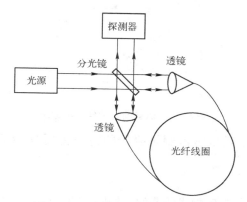

图 4-29　光纤陀螺仪的原理示意图

光纤陀螺仪具有结构紧凑、灵敏度高、工作可靠的特点，在很多领域已经完全取代了机械式的传统陀螺仪，成为现代导航仪器中的关键部件。

3. 振动陀螺仪

振动陀螺仪的主体是一个做高频振动的构件，它利用高频振动的质量块在被基座带动旋转时所产生的科里奥利效应来检测角运动。基于科里奥利力的原理，当一个物体在坐标系中直线移动时，假设坐标系做一个旋转，那么在旋转的过程中，物体会受到一个垂直的力（切向力）和垂直方向的加速度，通过检测电路使得输出电压与转角成正比，即可测量运动角速度。

现在较普遍使用的微机电陀螺仪一般都采用振动物体传感角速度的概念，利用振动来诱导和探测科里奥利力。同刚体转子陀螺仪相比，振动陀螺仪没有高速旋转的转子和相应的支承系统，因而具有性能稳定、结构简单、可靠性高、承载能力大、体积小、重量轻和成本低等优点。

4.5.3　磁传感器

磁传感器是把磁场、电流等外界因素引起的敏感元件磁性能的变化转换成电信号的器件。磁传感器不但可以检测磁场的大小和方向，如果和永磁体组合，还可以进行位置、速度、角度、电流等各种非磁学量的检测，可用于感测速度、运动和方向等。

地球本身是一个大磁体，其磁场是一个矢量。类似于条形磁体，在地球外部，磁感线由地磁北极（地理南极附近）出来，到地磁南极（地理北极附近）进入地球，在磁极点处磁场和当地的水平面垂直，在赤道磁场和当地的水平面平行。对于某一个固定的地点来说，地磁矢量可以被分解为两个与当地水平面平行的分量和一个与当地水平面垂直的分量，如图 4-30 所示。对水平方向的两个分量来说，在不受磁干扰的情况下，它们的矢量和总是指向磁北的，只要各种地球磁场模型找出物体当前前进的方向和磁北的夹角，就可以对航向角进行判断。

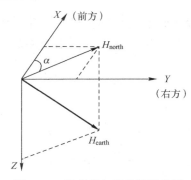

图 4-30　地磁场矢量分解示意图

按照所使用的技术，磁传感器测量磁场的方法主要分为霍尔效应传感器和磁阻传感器。

（1）霍尔效应传感器

霍尔传感器是依据霍尔效应制成的器件。如图 4-31 所示，在半导体薄膜两端通以控制电流 I，并在薄膜的垂直方向施加磁感应强度为 B 的匀强磁场，半导体中的电子与空穴受到洛伦兹力而在不同方向上聚集，在聚集起来的电子与空穴之间会产生电场，电场强度与洛伦兹力产生平衡之后，不再聚集，这个现象叫作霍尔效应。此时在垂直于电流和磁场的方向上，会产生内建电势差，称为霍尔电压 U_H。霍尔电压 U_H 与半导体薄膜厚度 d、磁场 B 和电流 I 的关系为

$$U_H = k(BI / d) \tag{4-9}$$

式中，k 为霍尔系数，与半导体磁性材料有关。利用霍尔效应制作的霍尔效应传感器，就可以用于测量磁场。霍尔效应的输出电压通常比较小，因此通常都内置有直流放大器和稳压器，以提高传感器的灵敏度和输出电压的幅度。

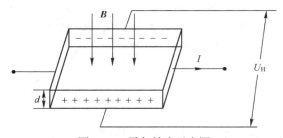

图 4-31　霍尔效应示意图

在无刷电动机中，大量使用霍尔器件来作转子磁极位置传感和定子电枢电流换向器，还可以对电机进行过载保护及转矩检测。

（2）磁阻传感器

磁阻传感器是根据磁性材料的磁阻效应制成的。某些金属或半导体在遇到外加磁场时，其电阻值会随着外加磁场的大小发生变化，这种现象叫作磁阻效应。

这里主要介绍各向异性磁阻（AMR）传感器。当磁性材料具有各向异性时，对它进行磁化时，其磁化方向将取决于材料的易磁化轴、材料的形状和磁化磁场的方向。如图 4-32 所示，当给带状合金材料通电流 I 时，材料的电阻取决于电流的方向与磁化方向的夹角。如果给材料施加一个磁场，会使原来的磁化方向转动。如果磁化方向转向垂直于电流的方向，

则材料的电阻将减小；如果磁化方向转向平行于电流的方向，则材料的电阻将增大。AMR 磁阻效应传感器一般由 4 个这样的电阻组成，并将它们接成电桥。在外磁场的作用下，两对阻抗一个变大一个变小，检测电路通过检测这一对阻抗变化的差值，输出一个大小与外磁场成比例的检测电压。

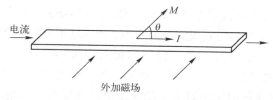

图 4-32　磁阻效应示意图

三维电子罗盘作为一种磁传感器，广泛应用于导航仪器或姿态传感器，它可由三维磁阻传感器、双轴倾角传感器和微处理器构成。三维磁阻传感器用来测量地球磁场，采用三个互相垂直的磁阻传感器，每个传感器检测在该方向上的地磁场强度。向前的方向称为 X 方向的传感器，传感器检测地磁场在 X 方向的矢量值；向左或 Y 方向的传感器检测地磁场在 Y 方向的矢量值；向下或 Z 方向的传感器检测地磁场在 Z 方向的矢量值。倾角传感器可对电子罗盘进行倾斜补偿，以保证航向数据准确。

4.5.4　惯性测量传感器的应用

在实际应用中，机器人有时需要检测自身的运动状态，以做下一步决策，此时经常会使用惯性测量传感器。本节以 9 轴姿态角度传感器模块 JY901 为例，简要介绍一下惯性测量传感器的应用。

JY901 模块的外形如图 4-33a 所示，它支持串口和 IIC 两种数字接口，数据引脚 D0～D3 可以设置为模拟输入、数字输入、数字输出和 PWM 输出，如图 4-33b 所示。它集成了高精度的陀螺仪、加速度计、地磁场传感器，采用高性能的微处理器、先进的动力学解算与卡尔曼动态滤波算法，能够快速求解出模块当前的实时运动姿态。如图 4-33c 所示，模块向右为 X 轴，向上为 Y 轴，垂直模块向外为 Z 轴。X 轴角度即为绕 X 轴旋转方向的角度，Y 轴角度为绕 Y 轴旋转方向的角度，Z 轴角度为绕 Z 轴旋转方向的角度。

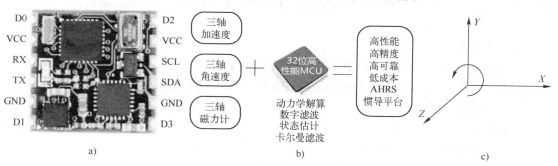

图 4-33　JY901 模块

a) 外形图　b) 模块组成及功能　c) 三轴位置

通过模块的 UART 串口和 IIC 接口可以对模块内部寄存器进行配置，以设置传输速率、输出内容等参数。为了测量的准确性，在使用前还需要进行测量校准。

1．模块的配置

测量使用中，首先通过上位机对模块进行参数配置，上位机发送命令的数据格式为

0xFF 0xAA Address DataL DataH

其中，Address 字段表示配置参数的寄存器地址，DataL 和 DataH 分别表示配置参数的低 8 位和高 8 位。详细寄存器地址和内容可见模式参数使用手册，这里介绍几个常用的寄存器配置。

1）Address 字段为 0x02 时，是对模块回传内容进行配置，此时 DataH 字段设置为 0x00，DataL 设置为需要模块回传的参数。例如，当上位机发送的命令为 0xFF 0xAA 0x02 0x1F 0x00 时，就配置模块同时输出时间、加速度值、角速度值、角度值、磁场值等信息。

2）Address 字段为 0x03 时，是对回传速率进行配置，此时 DataH 字段设置为 0x00，DataL 设置为需要模块回传的速率，例如当上位机发送的命令为 0xFF 0xAA 0x03 0x05 0x00 时，就配置模块回传速率为 5Hz。

3）Address 字段为 0x04 时，是对串口传输速率进行配置，此时 DataH 字段设置为 0x00，DataL 设置为需要模块回传的速率。例如，当上位机发送的命令为 0xFF 0xAA 0x04 0x02 0x00 时，就配置串口通信速率为 9600bit/s。

4）Address 字段为 0x05～0x07 时，是对加速度的 X 轴、Y 轴和 Z 轴的零偏移量进行设置，其中 DataL 表示加速度零偏的低字节，DataH 表示加速度零偏的高字节。设置加速度零偏以后，加速度的输出值为传感器测量值减去零偏值。

5）Address 字段为 0x08～0x0A 时，是对角速度的 X 轴、Y 轴和 Z 轴的零偏移量进行设置，其中 DataL 表示角速度零偏的低字节，DataH 表示角速度零偏的高字节。设置角速度零偏以后，角速度的输出值为传感器测量值减去零偏值。

6）Address 字段为 0x0B～0x0D 时，是对磁场的 X 轴、Y 轴和 Z 轴的零偏移量进行设置，其中 DataL 表示磁场零偏的低字节，DataH 表示磁场零偏的高字节。设置磁场零偏以后，磁场的输出值为传感器测量值减去零偏值。

2．测试数据的输出

模块采集到数据后输出给上位机，可包括时间、加速度、角度、磁场、气压、高度、经纬度等信息。详细信息可参考模式参数使用手册，这里介绍几个常用的输出。

（1）时间信息输出

数据格式为

0x55 0x50 YY MM DD HH MM SS MSL MSH SUM

其中，毫秒值 ms=(MSH<<8)+MSL，SUM 为前面各字段值的校验和。

（2）加速度输出

数据格式为

0x55 0x51 AxL AxH AyL AyH AzL AzH TL TH SUM

其中，X 轴加速度 ax=((AxH<<8)|AxL)/32768×16g，Y 轴加速度 ay=((AyH<<8)|AyL)/32768×16g，Z 轴加速度 az=((AzH<<8)|AzL)/32768×16g，这里 g 为重力加速度，可取 9.8m/s^2。

（3）角速度输出

数据格式为

0x55 0x52 WxL WxH WyL WyH WzL WzH TL TH SUM

其中，X 轴角速度 wx=((wxH<<8)|wxL)/32768×2000(°/s)，Y 轴角速度 wy=((WyH<<8)|WyL)/32768×2000(°/s)，Z 轴角速度 wz=((WzH<<8)|WzL)/32768×2000(°/s)。

（4）角度输出

数据格式为

0x55 0x53 RollL RollH PitchL PitchH YawL YawH TL TH SUM

其中，滚转角（X 轴）Roll=((RollH<<8)|RollL)/32768×180(°)，俯仰角（Y 轴）Pitch=((PitchH<<8)|PitchL)/32768×180(°)，偏航角（Z 轴）Yaw=((YawH<<8)|YawL)/32768×180(°)。

（5）磁场输出

数据格式为

0x55 0x54 HxL HxH HyL HyH HzL HzH TL TH SUM

其中，X 轴磁场 Hx=((HxH<<8)| HxL)，Y 轴磁场 Hy=((HyH <<8)| HyL)，Z 轴磁场 Hz =((HzH<<8)| HzL)。

有了这些信息后，就可以根据相应的算法，解算出机器人的姿态，为下一步的运动控制提供决策。

习题

1. 为什么机器人上通常需要安装传感器？
2. 简述传感器的一般组成，以及各部分的主要功能。
3. 常见的测距传感器有哪些？超声波传感器的测距原理是什么？
4. 机器人巡线中，模拟式灰度传感器和数字式灰度传感器各有什么优缺点？
5. 颜色传感器和视觉传感器颜色识别的工作原理有什么不同？
6. 常用的惯性测量传感器有哪些？它们测量的物理量有什么不同？

机器人控制技术从广义上可以分为机器人的底层控制和上层控制。机器人的底层控制主要是利用传感器采集的信息，配以相应的算法实现机器人的基本运动，主要包含各种 PID 控制方法等；机器人的上层控制主要包含机器人的路径规划、足式机器人的步态规划以及多机器人协作控制方法等。

本章从机器人的 PID 控制、机器人的上层控制和机器人控制的 MATLAB 仿真等三个方面进行介绍。

5.1　机器人的 PID 控制

当系统被控对象的结构和参数不能用精确的数学模型描述时，系统控制器的结构和参数必须依靠经验和现场调试情况来确定，这时应用 PID 控制技术最为方便。在控制理论和技术飞速发展的今天，PID 控制策略被广泛于工业过程控制和机器人控制等领域。

5.1.1　PID 运动控制

PID 控制器主要包含比例控制器（Proportional）、积分控制器（Integral）和微分控制器（Differential），用数学方式来描述 PID 控制器较为复杂，本节结合实例引入 PID 算法完成机器人巡线任务，经过简单的修改就可以应用到其他复杂任务。下面介绍 PID 控制器的基本原理、基本结构，以及 PID 控制器参数对控制性能的影响和控制规律的选择。

1. PID 算法

图 5-1 是一个典型的轮式巡线机器人结构，这个机器人采用两个电机，分别与车轮 A、C 连接，前端装有垂直向下的灰度传感器。带箭头的大长方形表示机器人的本体结构部分，箭头指示机器人的运动方向，黑色指示地面引导线。机器人利用一个或多个传感器采集引导线信息，结合一定的算法调整机器人的运动状态。

图 5-1 所示的巡线其实是让机器人沿着线的左边缘走，因为如果沿着黑线本身走，当机器人偏离黑线，传感器识别到白色时，无法判断机器人到底在线的右边还是左边。如果沿着线的左边缘走，当灰度传感器识别到白色，机器人在线的左边；当灰度传感器识别到黑色，机器人在线上。因为机器人跟随的是线的左边，这种方法被称为"左手法则"，需要知

道灰度传感器识别到白色和识别到黑色时返回的读数值。假设识别到白色会返回 150，识别到黑色会返回 50，可在一条数据线段上标出灰度传感器的读数，帮助理解如何将灰度传感器的读数变化转变为机器人的运动变化。把数值线段平分为两部分，如图 5-2 所示，当灰度传感器返回值小于 100 时，让机器人左转；当灰度传感器返回值大于 100 时，让机器人右转。这种巡线方式能够完成巡线任务，但是机器人会来回摆动，横向穿过线条。机器人只"知道"两件事情：转左和转右。用这种方法巡线，通常机器人的速度不会很快，而且运动看起来不是很顺畅。即使线是直的，这种方法也不能使机器人走直线，甚至不能完全对准线的边缘。

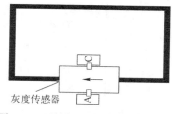

图 5-1　两轮机器人单传感器巡线

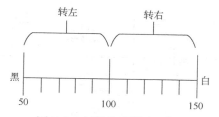

图 5-2　灰度传感器返回值

　　为了提高巡线效率，把灰度传感器的读数线段分成三部分。如图 5-3 所示，当灰度传感器返回值低于 75 时，机器人左转；灰度传感器返回值在 76～124 时，机器人直行；灰度传感器返回值大于 125 时，机器人右转。第二种巡线方式效果比第一种方式好得多，机器人有时会直接向前走了，但是与第一种巡线方式一样，机器人依旧会有来回摆动。

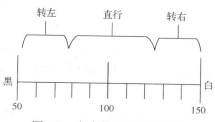

图 5-3　灰度传感器三段读数

　　PID 中的比例控制（P）是关键。如果把灰度传感器读数的数据线段分成更多的段，要解决的第一件事情是，当灰度传感器读数的数据线段的分段数超过 3 段时，要如何确定转向（Turn）的取值。在第一种巡线方式中，机器人只做两件事情：转左或转右，Turn 的数值是一样的，只是方向不同。在第二种巡线方式中，在左右两个 Turn 的基础上加上了直行。在灰度传感器读数的数据线段分段超过 3 个时需要更多种类的 Turn。为了帮助理解更多种类的 Turn，这里重新画出灰度传感器读数的数据线段，并把它转换为图形。X 轴（水平线）为灰度传感器读数值，与上面的灰度传感器读数的数据线段一样。Y 轴（垂直线）是 Turn 轴。

　　如图 5-4 所示，图 5-4a 表示的是第一种巡线方式——将灰度传感器读数分成两段的情况，机器人只能做两件事，转左或转右，除了方向以外，Turn 值是一样的。图 5-4b 是第二种巡线方式，即将灰度传感器读数分成三段的情况，中间增加的一段是机器人直行的部分，Turn 部分与前面的第一种巡线方式是一样的。图 5-4c 是一个比例控制的巡线机器人，在两个极限点之间的 Turn 变化很平滑。如果灰度传感器读取的光值表明机器人离线很近，机器人就做小的转弯；如果读取的光值表明机器人离线很远，机器人就做较大的转弯。比例是一个重要的概念。比例的意思就是在两个变量之间存在线性关系，简单地说，就是变量之间的关系呈现为一条直线（见图 5-4c）。此时直线的表达式为

$$y=mx+b$$

式中，x，y 是直线上任意一点的坐标值（x，y）；m 是这条直线的斜率；b 是直线在 Y 轴上的截距（即当 $x=0$ 时，直线通过 Y 轴上的点，该点在 Y 轴上的坐标值）。直线斜率的定义为

直线上任意两点 y 值的变化量除以 x 值的变化量。首先，将灰度传感器读数线段（X 轴）的中心点定为 0，因为灰度传感器读数范围是 50～150，把所有灰度传感器读数都减去 100（这是 50 和 150 的平均值，$(500+150)/2$）得到的结果称为误差（error）。当灰度传感器读数为 124 时，可得到 error=124-100=24。这个 error 表明了机器人的灰度传感器离线的边缘有多远。当灰度传感器正好在线的边缘上时，error 为 0（因为此时灰度传感器的读数为 100，而从灰度传感器读数中减掉 100）。如果灰度传感器全部处在白色的位置，则 error=50，如果灰度传感器全部处在黑色的位置，则 error=-50。

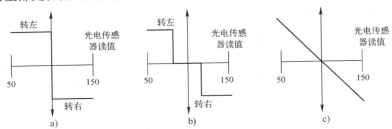

图 5-4　三种不同巡线方式

a) 二段式巡线　b) 三段式巡线　c) 比例式巡线

如图 5-5 所示，用 error 来表示 X 轴。因为这条直线正好在原点处通过 Y 轴，因此 b 的取值为 0，这样表达式会变得简单一些

$$y=m\times x$$

或者使用我们的方法

$$\text{Turn}=m\times\text{error}。$$

现在确定 Turn 的范围是从-1（最大左转）到+1（最大右转），0 转向的意思就是直行。斜率为

$$m=(y\text{ 值的变化量})/(x\text{ 值的变化量})$$
$$=(1-(-1))/(-50-50)=2/-100=-0.02$$

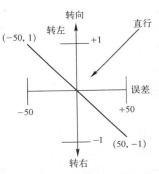

图 5-5　带 error 的比例巡线控制

斜率是一个比例常量，用它乘 x 值就可得到"Turn"（y 值）。请一定记住这一点。把 m（斜率或比例常数）看作是一个换算系数，用 m 把一个数字（如传感器采集到的数据或我们例子中的 error）转换成另一个数字（如 Turn）。这就是 m 的作用，在 PID 算法中，通常用字母 K 表示。那么在直线表达式中使用这些新的变量名字

Turn= $K\times$(error)。用语言表达就是：将 error 值乘以比例常数 K 得到所需的 Turn 值。这个 Turn 值就是 P 控制器的输出结果，因为它只涉及比例控制，被称为"比例控制部分"。"error"的取值范围是由灰度传感器的设置、巡线测试纸的颜色等因素决定的。图 5-5 中，直线没有延伸到 error（error 值在-5～5 的范围以外）。在-5～5 的范围以外，就不能判断灰度传感器到底离线有多远了。当灰度传感器完全看不到任何黑线时，它看到的所有"白色"都是一样的。当灰度传感器离线的边缘太远时，灰度传感器读取到的光值变成恒定的数值，这就意味着灰度传感器的读数与 error 不再是比例关系。只能在灰度传感器相当接近黑线时，判断灰度传感器离线的边缘有多远距离，在非常小的数值范围内，灰度传感器读取的值与这个距离是成比例的，因此，灰度传感器值要设置在能给出比例关系的有

限的范围内。超出这个范围，就只能给出机器人调整的正确方向，但数量大小是错误的，灰度传感器读取的值或是 error 会小于实际情况，这样在修正 error 时，就不会有很好的效果。把传感器能给出比例响应的范围称为"比例范围"，这是另一个非常重要的概念。在设计巡线机器人的应用中，灰度传感器读取值的比例范围是 50～150，error 的比例范围是 -50～50，电机的比例范围是-100（全速后退）～100（全速前进）。比例范围应尽量大，在比例范围之外，控制只能把机器人向正确的方向移动，但也只是趋向于正确，控制器的比例响应是受比例范围限制的。

用传感器测量想控制的东西，将测量结果转换为 error。通过减去黑和白灰度传感器读取值的平均值来实现，将 error 乘以一个比例系数 K_p，就得到了系统的修正值。在巡线机器人的例子中，通过加大/减小电机的功率来应用这个修正值。以上根据传感器检测值来按比例决定机器人巡线策略的算法就是 PID 中最简单的比例控制。

2．PID 控制器的基本结构和基本原理

前面介绍了 PID 算法中的比例控制器概念。PID 控制是一种基于偏差"过去、现在、未来"信息估计的有效而简单的控制算法。常规 PID 控制系统原理图如图 5-6 所示。

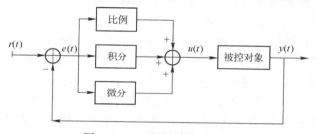

图 5-6　PID 控制系统原理图

整个系统主要由 PID 控制器和被控对象组成。作为一种线形控制器，PID 控制器根据给定值 $r(t)$ 和实际输出值 $y(t)$ 构成偏差，即

$$e(t) = r(t) - y(t) \tag{5-1}$$

然后对偏差按比例、积分和微分通过线性组合构成控制量，对被控对象进行控制，由图 5-6 得到 PID 控制器的理想算法为

$$u(t) = K_p \left[e(t) + \frac{1}{T_i} \int_0^t e(t)\mathrm{d}t + T_d \frac{\mathrm{d}e(t)}{\mathrm{d}t} \right] \tag{5-2}$$

或者写成传递函数的形式为

$$U(s) = K_p \left(1 + \frac{1}{T_i s} + T_d s \right) E(s) \tag{5-3}$$

式（5-2）和式（5-3）中，K_p、T_i、T_d 分别为 PID 控制器的比例增益、积分时间常数和微分时间常数，是两种表达形式。这三个参数的取值优劣影响到 PID 控制系统的控制效果好坏，以下将介绍这三个参数对控制性能的影响。

3．PID 控制器参数对控制性能的影响

（1）比例作用对控制性能的影响

比例作用的引入是为了及时成比例地反映控制系统的偏差信号，系统偏差一旦产生，调节器立即产生与其成比例的控制作用，以减小偏差。比例控制反应快，但对某些系统，可能存在稳态 error，加大比例系数、系统的稳态 error 减小，但稳定性可能变差。随着比例系数的增大，稳态 error 减小，同时动态性能变差，振荡比较严重。

（2）积分作用对控制性能的影响

积分作用的引入是为了消除系统的稳态 error，提高系统的无差度，以保证对设定值的无静差跟踪。假设系统已经处于闭环稳定状态，此时的系统输出和 error 量保持为常值，当且仅当动态 error 时，控制器的输出才为常数。因此从原理上看，只要控制系统存在动态 error，积分调节就产生作用，直至无差，积分作用就停止，此时积分调节输出为一常值。积分作用的强弱取决于积分时间常数的大小，积分时间常数越小，积分作用越强，反之则积分作用越弱。积分作用的引入会使系统稳定性下降，动态应变慢。随着积分时间常数减小，静差减小；但是过小的积分时间常数会加剧系统振荡，甚至使系统失去稳定。实际中，积分作用常与另外两种调节规律结合，组成 PID 控制器。

（3）微分作用对控制性能的影响

微分作用的引入主要是为了改善控制系统的响应速度和稳定性。微分作用能反映系统偏差的变化率，预见偏差变化的趋势，从而产生超前的控制作用。直观而言，微分作用能在偏差还没有形成之前，就已经消除偏差。因此，微分作用可以改善系统的动态性能。微分作用的强弱取决于微分时间的大小，微分时间越大，微分作用越强，反之则越弱。在微分作用合适的情况下，系统的超调量和调节时间可以有效地减小。从滤波器的角度看，微分作用相当于一个高通滤波器，因此它对噪声干扰有放大作用，而这是在设计控制系统时不希望的。所以不能一味地增加微分调节，否则会对控制系统抗干扰产生不利的影响。此外，微分作用反映的是变化率，当偏差没有变化时，微分作用的输出为零。随着微分时间常数 T_d 的增加，超调量减小。

4. 控制规律的选择

PID 控制器参数整定的目的就是按照给定的控制系统，求得控制系统质量最佳的调节性能。PID 参数的整定直接影响到控制效果，合适的 PID 参数整定可以提高自控投用率，增加装置操作的平稳性。对于不同的对象，闭环系统控制性能的要求不同，通常需要选择不同的控制方法、控制器结构等。大致上，系统控制规律的选择主要有下面几种情况：

1）对于一阶惯性对象，如果负荷变化不大，工艺要求不高，可采用比例控制。

2）对于一阶惯性加纯滞后对象，如果负荷变化不大，控制要求精度较高，可采用比例积分控制。

3）对于纯滞后时间较大，负荷变化也较大，控制性能要求较高的场合，可采用比例积分微分控制。

4）对于高阶惯性环节加纯滞后对象，负荷变化较大，控制性能要求较高时，应采用串级控制、前馈-反馈、前馈-串级或纯滞后补偿控制。

5.1.2　智能 PID 参数整定

参数的整定是 PID 控制中一个关键的问题。在实际应用中，许多被控过程具有高度非线性、时变不确定性和纯滞后等特点；在噪声负载等因素的影响下，过程参数甚至模型结构均会随时间和工作环境的变化而变化，因此这不仅要求 PID 参数的整定不依赖于对象数学模型，同时要能够在线调整以满足实时控制的要求。智能控制主要用来解决那些传统方法难以解决的控制对象参数在大范围变化的问题，其思想是解决 PID 参数在线调整问题的有效途径。

智能控制的方法很多，将智能控制方法和常规 PID 控制方法融合在一起，形成了许多形式的智能 PID 控制器。本节介绍几种常见的智能 PID 控制器的参数整定和构成方式，包括继电反馈、模糊 PID、神经网络 PID、参数自整定和专家 PID 控制及基于遗传算法的 PID 控制。

1. 基于继电反馈的 PID 参数自整定

通过在电路中加入有继电特性的非线性环节得到持续稳定的振荡，进而求得中间参数实现对 PID 的参数整定。基于继电反馈控制的 PID 参数整定方法，大多数的对象在继电反馈作用下能产生稳定的振荡，当过程输出达到稳定状态时启动整定程序，控制开关切换到 b 时，系统进入继电整定状态。继电可以是带滞后的也可以不带滞后，等到不变的振荡输出量 $y(t)$ 产生，通过测量这个极限环的性质，也就是输出的频率与幅度，就可以测知对象临界点的信息。当输出的频率与幅度均计算得出后，控制器可以通过算法或一定的约束条件（在这里是指它的相位裕度）得出，然后将开关拨到 a 处，系统进入控制阶段。继电反馈控制结构如图 5-7 所示。

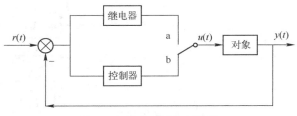

图 5-7 继电反馈控制结构

2. 基于模糊 PID 控制的参数自整定

所谓模糊控制，就是用模糊数学的基本理论和方法，把规则的条件、操作用模糊集表示，并把这些模糊控制规则以及有关信息（初始 PID 参数等）作为知识存入计算机知识库中，然后计算机根据控制系统的实际响应情况，运用模糊推理，自动实现对 PID 参数的最佳调整。PID 参数模糊自整定控制系统能在控制过程中对不确定的条件、参数、延迟和干扰等因素进行检测分析，采用模糊推理的方法实现 PID 参数、工艺的在线自整定。这种方法不仅保持了常规 PID 控制系统原理简单、使用方便、鲁棒性较强等特点，而且具有更大的灵活性、适应性、精确性等特性。整定系统包括一个常规 PID 控制器和一个模糊控制器。根据给定值和实际输出值，计算出偏差和偏差的变化率作为模糊系统的输入，三个 PID 参数的变化值作为输出，根据事先确定好的模糊控制规则做出模糊推理在线改变 PID 参数的值，从而实现 PID 参数的自整定，使得被控对象有良好的动、静态性能，而且计算量小，易于用单片机实现。参考控制模型如图 5-8 所示。

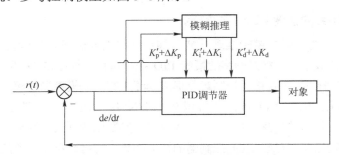

图 5-8 模糊 PID 控制自整定控制器结构

3．基于神经网络 PID 的参数整定

所谓"神经网络"是以神经元为节点，采用某种网络拓扑结构构成的活性网络，可以用来描述几乎任意的非线性系统。神经网络还具有学习能力、记忆能力、计算能力以及各种智能处理能力，在不同程度和层次上模仿人脑神经系统的信息处理、存储和检索功能。神经网络在控制系统中的应用提高了整个系统的信息系统处理能力和适应能力，提高了系统的智能水平。由于神经网络已具有逼近任意连续有界非线性函数的能力，对于长期困扰控制界的非线性系统和不确定性系统来说，神经网络无疑是一种解决问题的有效途径。采用神经网络方法设计的控制系统具有更快的速度（实时性）、更强的适应能力和更强的鲁棒性。神经网络用于控制系统设计时则不同，它可以不需要被控对象的数学模型，只需对神经网络进行在线或离线训练，然后利用训练结果进行控制系统的设计。神经网络用于控制系统设计有多种类型，多种方式，既有完全脱离传统设计的方法，也有与传统设计手段相结合的方式。基于神经网络自适应 PID 控制系统如图 5-9 所示。

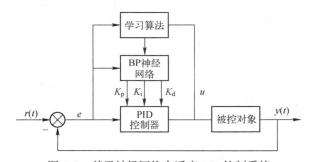

图 5-9　基于神经网络自适应 PID 控制系统

PID 控制要取得好的控制效果，就必须通过调整好比例、积分和微分三种控制作用在形成控制量中相互配合又相互制约的关系，这种关系不一定是简单的"线性组合"，而是从变化无穷的非线性组合中找出最佳的关系。BP（Back Propagation）神经网络具有逼近任意非线性函数的能力，而且结构和学习算法简单明确。通过网络自身的学习，可以找到某一最优控制规律下的 PID 参数。基于 BP 神经网络的 PID 控制系统由两部分组成。

1）经典的 PID 控制器：直接对被控对象进行闭环控制，并且三个参数在线调整方式。

2）BP 神经网络：根据系统的运行状态，调节 PID 控制器的参数，以达到某种性能指标的最优化，即使输出层神经元的输出状态对应于 PID 控制器的三个可调参数，通过神经网络的自身学习、加权系数调整，从而使其稳定状态对应于某种最优控制规律下的 PID 控制参数。

4．基于神经网络的模糊 PID 参数整定

将模糊控制具有的较强的逻辑推理功能，神经网络的自适应、自学习功能以及传统 PID 优点融为一体，就构成了基于神经网络的模糊 PID 控制系统，如图 5-10 所示。它包括 3 个部分：①传统 PID 控制部分：直接对控制对象形成闭环控制；②模糊量化模块：对系统的状态向量进行归档模糊量化和归一化处理；③辨识网络 NNM：用于建立被控系统中的辨识模型；④控制网络 NNC：根据系统的状态，调节 PID 控制的参数以达到某种性能指标最优。具体实现方法是使神经元的输出状态对应 PID 控制器的被调参数，通过自身权系数的调整，使其稳定状

态对应某种最优控制规律下的 PID 控制参数。这种控制器对模型、环境具有较好的适应能力以及较强的鲁棒性，但是由于系统组成比较复杂，存在运算量大、收敛慢、成本较大等缺点。

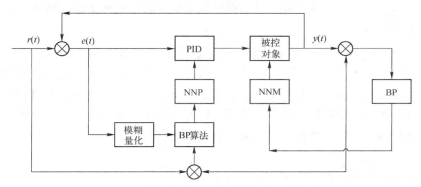

图 5-10　基于神经网络的模糊 PID 控制系统

5. 专家 PID 参数整定

基于专家系统的自适应 PID 控制器结构如图 5-11 所示。它由参考模型、可调系统和专家系统组成，是一种模型参考自适应控制系统。其中，参考模型由模型控制器和参考模型被控对象组成；可调系统由数字式 PID 控制器和实际被控对象组成。控制器的参数可以任意加以调整，当被控对象因环境原因而特性有所改变时，在原有控制器参数作用下，可调系统输出的响应波形将偏离理想的动态特性。这时，利用专家系统以一定的规律调整控制器的 PID 参数，使输出的动态特性恢复到理想状态，专家系统由知识库和推理机制两部分组成，它首先检测参考模型和可调系统输出波形特征参数差值。PID 自整定的目标就是调整控制器 PID 参数矢量，使参数矢量逐步趋近于该系统。由于采用闭环输出波形的模式识别方法来辨别被控对象的动态特性，不必加持续的激励信号，因而对系统造成的干扰小。另外，采用参考模型自适应原理，使得可以根据参考模型输出波形特征值的差值来调整 PID 参数，这个过程物理概念清楚，并且避免了被控对象动态特性计算错误而带来的偏差。

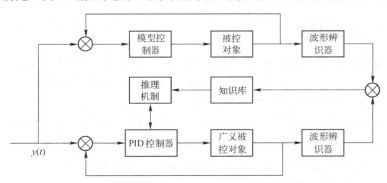

图 5-11　基于专家 PID 的控制系统

6. 基于遗传算法 PID 参数整定

遗传算法是一种基于自然选择和基因遗传原理的迭代自适应概率性搜索算法。基本思想就是将待求解问题转换成由个体组成的演化群体和对该群体进行操作的一组遗传算子，包括 3 个基本操作：复制、交叉和变异，其基本流程如图 5-12 所示。

基于遗传算法的 PID 控制具有以下特点：将时域指标与频域指标做了紧密结合，鲁棒性和时域性能都得到良好保证；采用了新型自适应遗传算法，收敛速度和全局优化能力大大提高；具有较强的直观性和适应性；较为科学地解决了确定参数搜索空间的问题，克服了人为主观设定的盲目性。

基于遗传算法的 PID 控制系统的原理框图如图 5-13 所示，其思想就是将控制器参数构成基因型参数，将性能指标构成相应的适应度，便可利用遗传算法来整定控制器的最佳参数，并且不要求系统是否为连续可微的，能否以显式表示。当遗传算法用于 PID 控制参数寻优时，其操作流程主要包括：①参数编码、种群初始化；②适应度函数的确定；③通过复制、交叉、变异等算子更新种群；④结束进化过程。

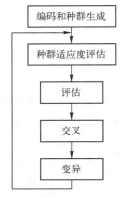

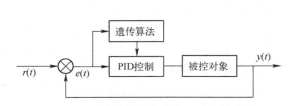

图 5-12　遗传算法的基本流程　　　　图 5-13　基于遗传算法的 PID 控制系统

5.2　机器人的上层控制

机器人的上层控制主要包括机器人的行走路径规划、足式机器人步态控制以及多机器人协作控制方法等。

5.2.1　机器人的路径规划

机器人通过各种传感器获取环境信息，利用人工智能进行识别、理解、推理并做出判断和决策来完成一定的任务，这要求智能机器人除了具有感知环境和简单的适应环境能力外，还要具有较强的识别理解功能和决策规划功能。

路径规划是指在有障碍物的工作环境中，如何寻找一条从给定起点到终点适当的运动路径，使机器人在运动过程中能安全、无碰撞地绕过所有障碍物。机器人路径规划问题可以建模为一个有约束的优化问题，都要完成路径规划、定位和避障等任务。

根据机器人对环境信息掌握的程度不同，将智能机器人路径规划分为基于模型的全局路径规划和基于传感器的局部路径规划。前者是指作业环境的全部信息已知，又称静态或离线路径规划；后者是指作业环境信息全部未知或部分未知，又称动态或在线路径规划。

1. 全局路径规划

全局规划方法主要有构型空间法、拓扑法、栅格解耦法、自由空间法、神经网络法等。

（1）构型空间法

构型空间法的基本思想是将机器人缩小为一个点，根据机器人形状和尺寸将障碍物进行拓展。其中研究较成熟的有可视图法和优化算法。

可视图法中的路径图由捕捉到的存在于机器人一维网络曲线（路径图）自由空间中的节点组成。路径的初始状态和目标状态同路径图中的点相对应，这样路径规划问题就演变为在这些点间搜索路径的问题。要求机器人和障碍物各顶点之间、目标点和障碍物各顶点之间以及各障碍物顶点与顶点之间的连线均不能穿越障碍物，即直线是"可视的"，然后采用某种方法搜索从起始点到目标点的最优路径，搜索最优路径的问题就转化为从起始点到目标点经过这些可视直线的最短距离问题。

优化算法可删除一些不必要的连线以简化可视图，缩短搜索时间，从而求得最短路径。但如果机器人的尺寸大小忽略不计，则会使机器人通过障碍物顶点时离障碍物太近甚至接触，并且搜索时间长。另外的缺点就是此法缺乏灵活性，即一旦机器人的起点和目标点发生改变，就要重新构造可视图。

（2）拓扑法

拓扑法将规划空间分割成具有拓扑特征子空间，根据彼此连通性建立拓扑网络，在网络上寻找起始点到目标点的拓扑路径，最终由拓扑路径求出几何路径。拓扑法的基本思想是降维法，即将在高维几何空间中求路径的问题转化为低维拓扑空间中判别连通性的问题。优点在于利用拓扑特征大大缩小了搜索空间。算法复杂性仅依赖于障碍物数目，理论上是完备的。而且拓扑法通常不需要机器人的准确位置，对于位置 error 也就有了更好的鲁棒性。缺点是建立拓扑网络的过程相当复杂，特别是在增加障碍物时如何有效地修正已经存在的拓扑网是有待解决的问题。

（3）栅格解耦法

栅格解耦法是目前研究最广泛的路径规划方法。该方法将机器人的工作空间解耦为多个简单的区域，一般称为栅格。由这些栅格构成了一个连通图，在这个连通图上搜索一条从起始栅格到目标栅格的路径，这条路径是用栅格的序号来表示的。整个图被分割成多个较大的矩形，每个矩形之间都是连续的。如果大矩形内部包含障碍物或者边界，则又被分割成 4 个小矩形，对所有稍大的栅格都进行这种划分，然后在划分的最后界限内形成的小栅格间重复执行程序，直到达到解的界限为止。该方法以栅格为单位记录环境信息，环境被量化成具有一定分辨率的栅格，栅格的大小直接影响着环境信息存储量的大小和规划时间的长短，栅格划分大了，环境信息存储量小，规划时间短，分辨率下降；栅格划分小了，环境分辨率高。

（4）自由空间法

自由空间法采用预先定义的如广义锥形和凸多边形等基本形状构造自由空间，并将自由空间表示为连通图，通过搜索连通图来进行路径规划。自由空间的构造方法是：从障碍物的一个顶点开始，依次作其他顶点的链接线，删除不必要的链接线，使得链接线与障碍物边界所围成的每一个自由空间都是面积最大的凸多边形；连接各链接线的中点形成的网络图即为机器人可实现自由栅格法运动的路线。其优点是比较灵活，起始点和目标点的改变不会造成连通图的重构，缺点是复杂程度与障碍物的多少成正比，且有时无法获得最短路径。

（5）神经网络法

人工神经网络是由大量神经元相互连接而形成的自适应非线性动态系统，对于大范围的工作环境，在满足精度要求的情况下，用神经网络来表示环境则可以取得较好的效果。神经网络在全局路径规划的应用，将障碍约束转化为一个惩罚函数，从而使一个约束优化问题转化为一个无约束最优化问题，然后以神经网络来描述碰撞惩罚函数，进行全局路径规划。虽然神经网络在路径规划中有学习能力强等优点，但整体应用却不是非常成功，主要原因是智能机器人所遇到的环境是千变万化的、随机的，并且很难以数学公式来描述。

2. 局部路径规划

局部路径规划的主要方法有：人工势场法、模糊逻辑控制法、混合法、滚动窗口法等。

（1）人工势场法

人工势场法是一种虚拟力法，其基本思想是将智能机器人在环境中的运动视为一种虚拟人工受力场中的运动。把智能机器人在环境中的运动视为一种在抽象的人造受力场中的运动，目标点对智能机器人产生引力，障碍物对智能机器人产生斥力，最后通过求合力来控制智能机器人的运动。该方法结构简单，便于低层的实时控制，在实时避障和平滑的轨迹控制方面，得到了广泛应用。其不足在于存在局部最优解，容易产生死锁现象，因而可能使智能机器人在到达目标点之前就停留在局部最优点。

（2）模糊逻辑控制算法

模糊方法不需要建立完整的环境模型，不需要进行复杂的计算和推理，尤其对传感器信息的精度要求不高，对机器人周围环境和机器人的位姿信息具有不确定性、不敏感的特点，能使机器人的行为体现出很好的一致性、稳定性和连续性，能比较圆满地解决一些规划问题，对处理未知环境下的规划问题显示出很大优越性，对于解决用通常的定量方法来说是很复杂的问题或当外界只能提供定性近似的、不确定信息数据时非常有效。但模糊规则往往是人们通过经验预先制定的，所以存在着无法学习、灵活性差的缺点。

（3）遗传算法

遗传算法是一种借鉴生物界自然选择和进化机制发展起来的高度并行、随机、自适应搜索算法，它采用群体搜索技术，通过选择、交叉和变异等一系列遗传操作，使种群得以进化。避免了困难的理论推导，直接获得问题的最优解。其基本思想是：将路径个体表达为路径中一系列中途点，并转换为二进制串。首先初始化路径群体，然后进行遗传操作，如选择、交叉、复制、变异。经过若干代进化以后，停止进化，输出当前最优个体。

遗传算法存在运算时间长，实现路径的在线规划困难，而且在机器人的路径规划问题应用中存在着个体编码不合理、效率低、进化效果不明显等问题。

（4）混合法

混合法是一种用于半自主智能机器人路径规划的模糊神经网络方法。所谓半自主智能机器人就是具有在人类示教基础上增加了学习功能的器件的机器人。这种方法采用模糊描述来完成机器人行为编码，同时重复使用神经网络自适应技术。由机器人上的传感器提供局部的环境输入，由内部模糊神经网络进行环境预测，进而可以在未知环境下规划机器人路径。此外，也有人提出基于模糊神经网络和遗传算法的机器人自适应控制方法。将规划过程分为离线学习和在线学习两部分。该方法是一种混合的机器人自适应控制方法，可以自适应调整机器人的行走路线，达到避障和路径最短的双重优化。

（5）滚动窗口法

滚动窗口法借鉴了预测控制滚动优化原理，把控制论中优化和反馈两种基本机制合理地融为一体，使得整个控制既是基于模型与优化的，又是基于反馈的。基于滚动窗口的路径规划算法的基本思路：首先进行场景预测，在滚动的每一步，机器人根据其探测到的局部窗口范围内的环境信息，用启发式方法生成局部子目标，并对动态障碍物的运动进行预测，判断机器人行进是否可能与动态障碍物相碰撞。其次机器人根据窗口内的环境信息及预测结果，选择局部规划算法，确定向子目标行进的局部路径，并依所规划的局部路径行进一步，窗口相应向前滚动。然后在新的滚动窗口产生后，根据传感器所获取的最新信息，对窗口内的环境及障碍物运动状况进行更新。该方法放弃了对全局最优目标过于理想的要求，利用机器人实时测得的局部环境信息，以滚动方式进行在线规划，具有良好的避碰能力。但存在着规划的路径非最优的问题，即存在局部极值问题。

5.2.2　足式机器人步态控制

仿生多足机器人的研究主要集中在双足、四足和六足这三个方向。仿生多足机器人具有较多的自由度，可以非常灵巧地运动，对复杂多变的地形和极限环境具有更强的适应能力；其落足点是离散的，能够在足尖点可达范围内灵活地调整行走姿态，并选择合理的支承点，具有更高的行走能力。

步态是仿生多足机器人的迈步方式，是步行机器人各腿协调运行的规律，即各腿的抬腿和放腿顺序，是研究步行机构的一个很重要的参数。步态的研究实际上可以分为两个部分：步态规划和步态控制。步态规划就是设计合适的行走方式，确定在行走过程中每条腿的运动轨迹，使参与行走的各条腿协调工作，而步态控制是让机器人实现相应的行走方式，自动处理各种复杂的环境因素和突发事件，并在不同步态之间进行转换。步态控制方法的优劣将直接影响到步行机器人行走过程的稳定性、灵活性、连续性和机动性等多个方面。

双足仿人机器人主要有两种步态，分别是仿人行走运动步态和跑步运动步态。四足机器人主要有行走运动步态、缓行运动步态、踱步运动步态等。六足机器人有单足步态、双足步态和三角步态等。步态控制方法有很多，基本可以分为三大类：固化步态法、基于模型的方法和基于生物控制策略的方法，下面以六足机器人为例介绍足式机器人步态控制方法。

1. 固化步态法

固化步态法就是在机器人的控制器中，将某种步态（通常是三足步态）的各足运动轨迹存储固化下来，直接用于控制驱动器；或是将两种步态（如三足步态和中速步态）全部存储下来，根据外界环境和自身需要，如载荷增加或减轻，在两种步态之间硬性转换。这种方法的优点是控制系统相对简单，但是因为步态是机械地模仿昆虫行走，无法应对复杂环境中遇到的情况（如遇到障碍物），所以环境适应性很差。

2. 基于模型的方法

（1）基于运动学模型的方法

基于运动学模型的方法是步态规划中的常规方法，它的核心思想是首先规划机器人身体关键点的移动曲线，再通过求解约束方程得到机器人在行走过程中各个关节的运动轨迹。

（2）基于动力学模型的方法

基于动力学模型的方法通常将步行机器人模型简化为二维或三维线性倒立摆模型，应用零力矩点理论进行重心运动轨迹规划。同时，根据传感器反馈计算出实际零力矩点的位置，继而通过调整身体的姿态，把零力矩点控制在足底支承多边形内部，从而保证机器行走的动态稳定性。图 5-14 为六足机器人三角步态的二维映射模型。

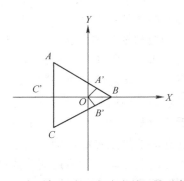

图 5-14　六足机器人三角步态的二维映射模型

（3）被动步行规划法

被动步行规划法应用自然动力学的准则，机器人运动所用的关节都没有驱动，步态由机器人的机械系统和控制系统与环境交互作用而自发产生。该方法的优势是步态设计简单，运动效率高，缺点是稳定性较差。

3. 基于生物控制策略的仿生方法

（1）高级智能控制法

目前常见的有三大类研究，模糊逻辑规划法、神经网络规划法和遗传算法规划法。其中，模糊逻辑规划法通常把步态规划模型参数作为输入变量，通过传感器信息的反馈获得身体姿态等数据，通过分析模糊逻辑规则库，生成控制规则，继而产生各个运动关节的控制数据；神经网络规划法是利用神经网络的表示与处理能力，在步行周期内采集各关节传感器的数据，通过反馈控制机制输出控制变量，如各关节的驱动力矩；遗传算法规划法通常将步态规划问题表示成模型优化问题，针对步态优化的不同目标，设计相应的适应度函数，利用遗传算法全局搜索最优解的特性寻找最优的步态参数。上述三种方法都存在计算复杂度过高的问题，不适合直接用于步态规划，更多的是将它们用于步态的后续优化。

（2）基于中枢模式发生器的控制方法

基于中枢模式发生器（CPG）的控制是通过模拟生物低级神经中枢的自激行为产生自发节律性运动的控制方法。节律运动是指具有时间和空间对称性的周期性运动，如动物的走、跑、泳、飞等。这些动作规律性很强并且简单实用、稳定可靠，能够随着环境的变化自发发生。生物学家认为，脊椎动物的脊髓和无脊椎动物的胸腹神经节中存在着中枢模式发生器，节律行为由其控制就可以实现，不需要经过大脑的控制。CPG 由中间神经元构成局部振荡网络，神经元之间通过突触连接，包含着抑制与兴奋两种关系，即某个神经元的活动可能阻止或者促使另一个受影响的神经元活动的发生。通过神经元之间的相互抑制与兴奋，产生稳定的相位互锁，通过自激振荡使不同的肢体产生有序的周期性运动。因为 CPG 中各神经元之间的突触连接具有一定的可塑性，所以动物神经电路的输出方式也是多样的，从而使动物产生了不同的运动模式。研究人员利用这一原理，提出很多中枢模式发生器模型，从而生成步行机器人的节律运动，为后续机器人实现完全自主控制提供了很好的理论支撑和实际意义。

Peneberg 等人定义了一组由 CPG 方法生成的基本节律运动模式（BMP）和一组基于传感器信息生成的姿态控制模式（PCP），采用一个叠加进程组合所有激活的 BMP 的影响，再通过一组激活的 PCP 进行修正以适应崎岖地形。基于 CPG 的方法足间相序的调整过程难以描述，且难以实现步态模式的平滑转化。

日本九州工学院 Matsuoka 的微分振荡器模型具有明确的生物学意义和简单的数学表达，能较好地模拟 CPG 的生物学特性，被较多地用于机器人的节律运动控制。清华大学的郑浩峻对 Matsuoka 的振荡器模型进行了修改和细化应用于四足机器人单关节控制，得到 CPG 振荡器控制数学模型，详见（式 5-4），并规定了权重矩阵中参数的设置方法，实现了四足机器人单关节的步态控制方法。

$$
\begin{cases}
T_r \dot{u}_i^f + u_i^f = bv_i^f + ay_i^e + \sum_{j=1}^{n} w_{ij} y_j^f + \sum_{k=1}^{m} s_{ik} h_k + c \\
T_a \dot{u}_i^f + v_i^f = y_i^f \\
T_r \dot{v}_i^f + v_i^f = bv_i^e + ay_i^f + \sum_{j=1}^{n} w_{ij} y_j^e + \sum_{k=1}^{m} s_{ik} h_k + c \\
T_a \dot{v}_i^e + v_i^e = y_i^e \\
w_{ij} = \begin{cases} 0, (i = j) \\ \pm 1, (i \neq j) \end{cases} \\
y_i^{f,e} = g(u_i^{f,e}) \\
g(u) = \max(u, 0) \\
y_i = u_i^f - u_i^e \\
(i, j = 1, \cdots, m) \\
\dot{\triangleq} = \mathrm{d} \triangleq /\mathrm{d}t
\end{cases}
\tag{5-4}
$$

其中，i 表示第 i 个振荡器；f、e 分别表示屈肌、伸肌神经元；u_i 为神经元内部状态；v_i 为神经元疲劳（抑制）程度；b 为适应系数；a 为细胞间抑制系数；$y_i^{f,e}$ 为神经元的输出，W_{ij} 为振荡器 j 到 i 的连接权重；$\sum_{k=1}^{m} s_{ik} h_k$ 为 CPG 控制网络的外部反馈项，S_{ik} 是反馈输入，h_k 为反射系数；c 为来自高层的恒定激励输入；T_r 为时间常数；T_a 为适应时间常数；$g(u)$ 为门槛函数；y_i 为振荡器的输出，可以用作关节位置或力矩控制信号。

5.2.3 多机器人协作

随着科学研究领域的不断扩展和深入，多机器人协作已成为人类进行科学探索必不可少的技术手段之一。多自主移动机器人系统所具备的最大特点和优点就是能够在其工作空间范围内自主移动到指定的位置去完成任务，这使得机器人系统具有很大的灵活性和适用性，机器人不再局限于结构化的工作环境约束，对人们探索未知的危险空间环境提供了极大的便利。目前已经广泛应用到国防军事、工业生产等领域，如无人机协同作战、目标跟踪、足球机器人和物料运输等。图 5-15 为常用的工业领域协作机器人。

有效地组织多个自主移动机器人通过一种协作机制完成指定的任务是多协作机器人相对于个体机器人执行任务的最大区别所在。机器人之间的这种协作机制包含两个含义：协作和协调。协作是从组织层面对机器人的任务进行管理和分配，而协调指的是参与执行任务的多个机器人在行为执行层面要保持一致，消除冲突。在实际的应用环境中，机器人所处环境的变化、本身操作的不稳定性、机器人之间通信限制等因素都使得机器人有效协作完成一项任务成为一件很困难的事情。人们通过对自然环境中群居生物的生活行为的研究发现大量的简单生物群通过一些简单的行为规则可以完成复杂的任务，由此得到启发将这种协作思想应用到机器人协作中可以完成某些指定任务，如何合理进行任务分配是多机器人协作系统的重要内容，它位于系统协作模型的最上层，通常称为规划或组织层，是最抽象、智能水平最高的一层，下面主要介绍多机器人协作系统的任务分配。

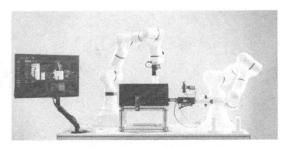

图 5-15 常用的工业领域协作机器人

多机器人任务分配人是多机器人合作的主要研究内容，其要解决的问题就是由哪个机器人执行哪个任务，或多少个机器人分配给某个任务。任务分配是整个多机器人系统运行的基础，涉及系统如何完成任务、机器人之间怎样进行协调等问题，对系统目标或性能等方面有决定性影响。任务分配机制作为系统的合作基础限制了其他如冲突消解等合作问题的潜在求解方式。因此，任务分配问题受到了人们越来越多的关注，成为协作多机器人学研究中的一个重点，本节将详细介绍任务分配的相关理论及普遍方法。

1. 任务与合作

任务与多机器人系统设计之间有着紧密关联，弄清楚任务和环境的复杂性究竟如何影响多机器人系统的设计仍然是当前多机器人研究领域内的一大挑战。虽然目前还无法用形式化或精确的数学表达方式来表示任务与多机器人系统控制结构、合作模型等之间的相互作用关系，但定性地分析任务特征及其复杂度有助于研究者设计合理的控制结构、合作机制、通信模式。从目标状态维数和任务重复次数两个方面可将任务分成四类，即"单次""零维"任务、"单次""多维"任务、"多次""零维"任务以及"多次""多维"任务，由每类任务在任务规划、运动规划方面的特点，不同类型任务对多机器人系统能力要求有所区别。按各种不同的标准对任务约束进行分类，又产生了"任务约束满意度"概念，可将其应用到机器人之间的隐式协调。由于多机器人之间的任务级合作是多机器人系统顺利完成给定任务的基础，因此本小节将从多机器人合作的角度来分析任务对于多机器人系统设计的约束。

2. 几种典型任务

多机器人任务的复杂度由多个因素决定，例如子任务的耦合程度、机器人个数、环境的动态特性、机器人的空间分布等。由于任务级的合作与子任务耦合程度相关，因此本小节从子任务耦合程度的角度对任务进行了分类。

（1）紧耦合任务

紧耦合任务要求任务中的多个机器人紧密配合，互相依赖，任何一个机器人都无法离开其他机器人独立完成自身任务。紧耦合任务可以细分为两类任务：不可分紧耦合任务和可分紧耦合任务。

1）不可分紧耦合任务是指任务无法分解成可由单个机器人完成的一串子任务，必须由多个机器人一起完成。例如，多个机器人合作搬运木箱子就是一个典型的不可分紧耦合任务，在这个任务中，所有机器人都是平等的，它们没有各自的子任务，只有一个共同的任务。

2）可分紧耦合任务是指那些可以分解成一个子任务集，并且子任务之间有紧密内部关联的任务。可分紧耦合任务虽然可以分解为一组子任务，但是子任务不是独立的，而是相互依赖的。一个典型的可分紧耦合任务是博物馆派发铅笔任务。在这个任务中，共有两个机器人，其中一个承担服务员角色，另一个承担加料员角色。服务员和加料员之间存在循环关联，服务员要依赖加料员的工作才能开展自己的工作，同样加料员也要依赖服务员的工作才能开展自己的工作，具体表现为资源的传递，即任何一个机器人必须等待其所需资源从另一个机器人传递过来才能继续自己的任务。

（2）松耦合任务

松耦合任务是指执行任务的机器人不需要相互紧密配合来完成任务。这一类任务通常表现为子任务之间在时间和空间上比较松散，任务没有太严格的时间约束。松耦合任务大致可以分为两类：有内部顺序关联的任务和无内部顺序关联的任务。

1）有内部顺序关联是指任务中两个或多个子任务在执行顺序上有先后关系，有的子任务必须在其他子任务完成或达到一定进度后才能开始。从卡车上卸货任务就属于有内部顺序关联任务。卡车卸货任务可以分为两个子任务卸货和搬运。搬运机器人必须等货物卸下以后才能搬运，如果地上没有货物，则搬运工作必须等待，所以卸货任务和搬运任务有顺序上的关联，先卸货再搬运。

2）无内部顺序关联的任务比较简单，它们的特点是任务可以分解成许多子任务，子任务之间完全独立，执行子任务的机器人不需要任何配合，也不需要知道其他子任务的进展。如多机器人看门、多机器人边界瞭望、多机器人清扫地面等。这类任务基本上有一个共同点，就是每个机器人的子任务其实就是全局任务的同比例缩小。此类任务在现实当中非常普遍，它们将成为多机器人系统今后应用的一个主要领域。

3. 任务分配层面的多机器人合作

从合作进行的时间来看，任务分配层面的多机器人合作可以有两类静态合作和动态合作。静态合作包括任务分解和分配，在任务执行之前进行。多机器人系统先将任务进行分解，然后把子任务分配给个体机器人。动态合作其实是一个任务再分配的过程，大致包括替代、交换、协助、联合四种情况，发生于任务动态执行过程中。

（1）静态合作

机器人系统的任务分解和分配是机器人系统执行任务的基础。任务分解和分配是多机器人系统主要研究领域之一，涉及任务描述、体系结构、角色分配、全局最优等方面的问题，属于机器人系统控制的最高层次。任务分解和分配的质量将直接影响下面协调层和执行层的控制，最终影响整个任务的效率。受机器人智能水平的限制，目前在任务分解的研究方面进展不大，还没有有效的方法让机器人系统自主完成任务分解，通常需要人为干预。在任务分配研究方面，虽然进展较小，但已有了一些发展，出现了一些方法。

（2）动态合作

处于现场的多机器人系统往往要面临环境动态变化和机器人系统出现内部故障等意外

情况的挑战，为了应付这种动态变化，提高机器人系统的容错能力和自组织适应能力，机器人系统必须具备动态合作能力。动态合作是指当机器人系统在执行任务过程中碰到意外情况时，机器人系统内部及时进行子任务的动态调整和再组织，以保证全局任务能顺利完成。动态合作可以大大提高多机器人系统的鲁棒性和灵活性，可以实现替代、交换、协助和联合的功能。

替代是当一群机器人在执行某个任务时，其中一个机器人发生故障或者被人群和障碍物阻挡，失去了继续执行局部任务的能力，这种发生在单个机器人身上的异常，有时可能会导致整体任务的失败。因此，为了克服这种突发事件对机器人系统造成的致命影响，系统中的每个机器人在进行子任务选择时必须引入一种机制，这种机制能够确保在上述情况发生时，系统中的其他机器人能接替受阻机器人的任务，使得全局任务顺利进行下去。如果其中有一个机器人已经完成自己的子任务，那么它就有优先接替受阻机器人位置的权力。这种合作过程称为替代。

交换是指在机器人系统执行任务过程中，当环境或任务要求发生改变，其中一个或者多个机器人发现自己所选择的子任务并不适合自己或执行任务失败时，就发出与其他机器人之间交换任务的请求，其他机器人响应请求并与其进行任务交换。两个均发出交换请求的机器人之间具有优先交换权。任务交换有时也是对某个机器人功能丧失的一种修补，当一个机器人在执行局部任务时，突然失去某种功能，如视觉图像变得模糊不清，导致当前任务无法继续，因此必须与另一个有视觉功能且其当前任务无须视觉功能的机器人进行任务交换，确保两个子任务都能顺利进行。

协助是当机器人发现自己无法独立执行当前任务时，它会向合适的机器人发出请求，请求其他机器人给予协助，在两个或者多个机器人共同努力并克服阻碍以后，机器人可以继续独立执行任务，其他机器人仍旧回去执行自己的任务。在决定向哪个机器人发出请求时，其他机器人的任务进展和功能配置将成为主要考虑因素，如果有一个机器人已经完成自己的任务，处于空闲状态，并且在功能配置上满足克服当前阻碍的要求，则这个机器人将首先被请求协助。协助是多机器人系统克服未知困难的一个很好的合作策略，实现了机器人之间能力和信息共享，对提高系统稳定性和鲁棒性有重要作用。

联合是指多机器人系统在完成任务分配以后，每个机器人开始独立执行属于自己的子任务，如果有机器人率先执行完自己的任务，它就会加入其他子任务中，与其他机器人共同完成子任务，以缩短完成全局任务的时间。我们把这样的合作过程称为联合，即两个或者两个以上的机器人共同完成最初分配给一个机器人的子任务。机器人之间的联合可以提高机器人的利用率和多机器人系统完成任务的效率，也是机器人系统群体智能的一个重要表现。联合不同于协助，协助是在协助请求下的一种被动响应，是机器人为了服从全局任务而牺牲局部任务效率的一种让步，而联合是一种主动要求的合作，是机器人追求更高效率完成全局任务的一种姿态，即使没有联合，全局任务最终也能完成。

4. 任务分配方法

任务分配方法主要有两类，即谈判法和建模法。

（1）谈判法

谈判法是一种多智能体合作机制，在多机器人领域中就是机器人之间通过谈判或协商来决定将任务交给哪个机器人执行。谈判法中最典型的方法是合同网协议，该方法最初应用在分布式问题求解领域。其原理就是把执行任务看作是一个合同，一个机器人将合同拿出来拍卖，其他机器人对合同进行投标，效用最大的机器人将投得合同。一般来说，在两种情况下机器人需要将任务合同拿出来拍卖。第一是机器人期望在系统中找到另一个机器人，使执行任务的效用最大化；第二是机器人因能力等原因自己无法执行当前任务或无法独立完成任务。

（2）建模法

建模法是另一类任务分配方法，机器人之间不需要谈判，也没有一个明显的同步协商过程，但它们通过信息交互实现合作。在建模法任务分配中，机器人有任务选择模型，其输入主要来自传感器反馈、机器人之间的通信，以及自身内部状态，其输出用于机器人任务选择决策。建模法所使用的模型有许多种，如情感模型、适应度模型、激励模型等，有的模型反映了机器人对于任务的一种主观感情，有的模型则反映了机器人对于任务的客观适应度。

谈判法和建模法是两类均已证明十分有效的任务分配方法。在设计方面，谈判法需要制订谈判协议以及消息机制，而建模法则需要为机器人建立任务选择模型。在性能方面，由于谈判法需要一个协商过程，因此建模法对任务响应更快，但建模法由于机器人需要计算所有任务的适应度或激励，其计算复杂度更高。

5.3　机器人控制的 MATLAB 仿真

机器人仿真可以采用 MATLAB-Simulink 仿真软件进行动态系统仿真，其中使用较多的是 S 函数。S 函数是系统函数的简称，是指采用非图形化的方式（即计算机语言，区别于 Simulink 的系统模块）描述的一个功能块。用户可以采用 MATLAB 代码、C、C++等语言编写 S 函数。S 函数是一种特定的语法构成，用来描述连续系统、离散系统以及复合系统等动态系统，S 函数能够接受来自 Simulink 求解器的相关信息，并对求解器发出的命令做出适当的响应，这种交互作用非常类似于 Simulink 系统模块与求解器的交互作用。一个结构完整的 S 函数包含了描述动态系统所需的全部能力，所有其他的使用情况都是这个结构的特例。S 函数中使用文本方式输入公式和方程，适合复杂动态系统的数学描述，并且在仿真过程中可以对仿真参数进行更精确的描述。在本节机器人控制系统的 Simulink 仿真中，主要使用 S 函数来实现空置率、自适应律和被控对象的描述。

一般而言，S 函数使用步骤如下：

1）创建 S 函数源文件。创建 S 函数源文件有多种方法，Simulink 提供了很多 S 函数模板和例子，用户可以根据需要修改相应的模板和例子。

2）在动态系统的 Simulink 模型框中添加 S-Function 模块，并进行相应的设置。

3）在 Simulink 模型框图中按照定义好的功能连接输入输出接口。

为了方便 S 函数的使用和编写，Simulink 的模型库还提供了很多模块组，该模块组为用户提供了编写 S 函数的各种例子，以及 S 函数模板模块。

5.3.1　多关节机器人控制算法仿真

多关节机器人控制算法是对机器人各关节运动及配合而设计的算法，本节介绍 PID 算法中的 PD 算法在多关节机器人控制中的应用。PD 算法采用的是比例微分控制器。

一个典型的多关节机器人的动态性能可由二阶非线性微分方程描述：

$$M(q)\ddot{q} + C(q,\dot{q})\dot{q} + G(q) + F(q) + \dot{\tau}d = \tau \tag{5-5}$$

式中，q 为关节角位移量；$M(q)$ 为机器人惯性矩阵；C 表示离心力和科里奥利力；G 为重力项；F 表示摩擦力矩；τ 为控制力矩；$\dot{\tau}d$ 为外加扰动。

1. 控制率设计

当忽略重力和外加干扰时，采用独立的 PD 控制能满足机器人定点控制的要求。

设 n 关节机械手方程为

$$D(q)\ddot{q} + C(q \cdot \dot{q})\dot{q} = \tau \tag{5-6}$$

式中，$D(q)$ 为 $n \times n$ 阶正定惯性矩阵；$C(q \cdot \dot{q})$ 为 $n \times n$ 阶离心和 $\tau = K_d\dot{e} + K_pe$ 科里奥利力项。

独立的 PD 控制率为

$$\tau = \dot{e}K_d + eK_p \tag{5-7}$$

取跟踪 error 为 $e=q_d-q$，采用定点控制时，q_d 为常值，则 $\dot{q}_d = \ddot{q}_d = 0$。

此时，机器人方程为

$$D(q)(\ddot{q}_d - \ddot{q} + \ddot{C}(q,\dot{q}))(\dot{q}_d - q) + K_d\dot{e} + K_p\dot{e} = 0 \tag{5-8}$$

即

$$D(q)\ddot{e} + C(q,\dot{q})\dot{e} + K_{pe} = -K_e\dot{e} \tag{5-9}$$

取 Lyapunov（李雅普诺夫）函数为

$$V = \frac{1}{2}\dot{e}^T D(q)\dot{e} + \frac{1}{2}e^T K_pe = -K_d\dot{e} \tag{5-10}$$

由 $D(q)$ 及 K_p 的正定性知，V 是全局正定的，则

$$\dot{V} = \dot{e}^T D\ddot{e} + \frac{1}{2}\dot{e}^T \dot{D}\dot{e} + \dot{e}^T \cdot K_pe \tag{5-11}$$

利用 $\dot{D} - 2C$ 的斜对称性知 $\dot{e}^T \dot{D}\dot{e} = 2\dot{e}^T C\dot{e}$，则

$$\dot{V} = \dot{e}^T D\ddot{e} + \dot{e}^T D\dot{e} + \dot{e}^T K_pe = \dot{e}^T(D\ddot{e}) + D\dot{e} + K_pe = -\dot{e}^T K_d\dot{e} \leqslant 0 \tag{5-12}$$

2. 收敛性分析

由于 $\dot{V}$ 是半负定的，且 K_d 为正定，则当 $\dot{V}=0$ 时，有 $\dot{e} \equiv 0$，从而 $\ddot{e} \equiv 0$，有 $K_pe=0$，再由 K_p 的可逆性知 $e=0$，由 LaSalle 定理知 $(e,\dot{e})=(0,0)$ 是受控机器人全局渐进稳定的平衡点，即从任意初始条件 $(q_0,\dot{q}_0)$ 出发，均有 $q{\rightarrow}q_d$，$\dot{q}{\rightarrow}0$。

3. 仿真实例

选二关节机器人系统（不考虑重力、摩擦力和干扰），其动力学模型为

$$D(q)\ddot{q} + C(q \cdot \dot{q})\dot{q} = \tau \tag{5-13}$$

其中

$$D(q) = \begin{bmatrix} p_1 + p_2 + 2p_3\cos q_2 & p_2 + p_3\cos q_2 \\ p_2 + p_3\cos q_2 & p_2 \end{bmatrix} \tag{5-14}$$

$$C(q,\dot{q}) = \begin{bmatrix} -p_3\dot{q}_2\sin q_2 & -p_3(\dot{q}_1+\dot{q}_2)\sin q_2 \\ p_3\dot{q}_1\sin q_2 & 0 \end{bmatrix} \tag{5-15}$$

取 $p = [2.90 \quad 0.76 \quad 0.87 \quad 3.04 \quad 0.87]^T$，$q_0 = [0.0 \quad 0.0]^T$，$\dot{q}_0 = [0.0 \quad 0.0]^T$。

位置指令为 $q_d(0) = [1.0 \quad 1.0]^T$，在控制器式（5-7）中，取 $K_p = \begin{bmatrix} 100 & 0 \\ 0 & 100 \end{bmatrix}$，$K_d = \begin{bmatrix} 0 & 100 \\ 100 & 0 \end{bmatrix}$

仿真结果如图 5-16 和图 5-17 所示。

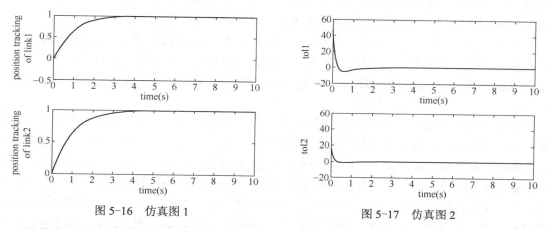

图 5-16　仿真图 1　　　　　　　　　图 5-17　仿真图 2

具体多关节机器人控制仿真模型如图 5-18 所示。仿真中，当改变参数 K_p 和 K_d 时，只要满足 $K_d>0$，$K_p>0$，都能获得比较好的仿真结果。完全不受外力干扰的机器人系统是不存在的，独立的 PD 控制只能作为基础来考虑分析，但对它的分析是具有重要意义的。

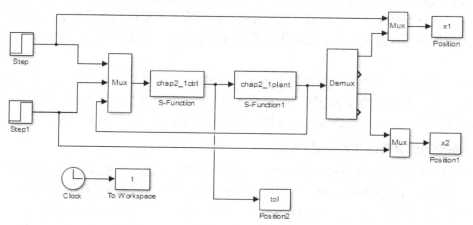

图 5-18　多关节机器人控制仿真模型

5.3.2　路径规划算法仿真

　　智能机器人的路径规划是指在有障碍物的工作环境中，如何寻找一条从给定起点到终点适当的运动路径，使机器人在运动过程中能安全、无碰撞地绕过所有障碍物。本节主要分析旅行商问题的相关路径规划算法。

1．旅行商问题的描述

　　旅行商问题（TSP）可描述为：已知 N 个城市之间的相互距离，现有一推销员必须遍访这 N 个城市，并且每个城市只能访问一次，最后又必须返回出发城市，如何安排这些城市的访问次序使其旅行路线总长度最短。旅行商问题是一个典型的组合优化问题，其可能的路径数目是与城市数 N 呈指数型增长的，一般很难精确地求出其最优解，因而寻找其有效的近似求解算法具有重要的理论意义。另一方面，很多实际应用问题，经过简化处理后，均可化为旅行商问题，因而对旅行商问题求解方法的研究具有重要的应用价值。

　　机器人运动规划包含三个层次的内容：路径规划、轨迹规划、轨迹跟踪或轨迹控制。路径规划是确定不含时间信息的几何路径。一般的工业机器人中都含有点到点、直线、圆弧及样条曲线等常用轨迹的路径规划，机器人路径规划可直观地认为是求解带有约束条件的几何问题。

　　TSP 的优化问题在机器人运动规划中得到许多应用。例如，移动机器人的全局路径规划问题，它是一种特殊而又典型的机器人路径规划问题，可转化为一种 TSP 问题。移动机器人在有障碍物的工作环境中工作时，通过优化，可寻找出一条从给定起始点到终止点的较优的运动路径，使移动机器人在运动过程中能安全、无碰撞地绕过所有的障碍物，且所走路径最短。又如焊接机器人的任务规划问题，对于点焊机器人的路径规划可以看作规划机器人末端的工具（如焊钳）从空间一个位姿到另一个位姿的运动，即点到点运动，以无碰撞为约束，以最短时间或最短路径等为目标，可以归结为旅行商问题。对于弧焊来说，从起始点到起焊点及止焊点到下一段焊缝的起焊点或终止点的过程与点焊过程类似，也可以看作一个旅行商问题。国外相关的研究工作主要有：将焊接次序问题抽象为图论中的旅行商问题，以最短时间为目标进行焊接次序的规划；以旅行商问题为模型，采用启发式方法，考虑焊接变形时的焊接顺序规划；通过遗传算法优化在圆形薄板上分段焊接圆形焊缝的焊接顺序，以减小焊接变形。

　　旅行商问题是一个典型的组合优化问题，特别是当 N 的数目很大时，用常规的方法求解计算量太大，在庞大的搜索空间中寻求最优解，对于常规方法和现有的计算工具而言，存在着诸多的计算困难。使用遗传算法的搜索能力可以很容易地解决这类问题。

2．基于遗传算法的 TSP 问题优化

　　遗传算法借用了生物遗传学的观点，通过自然选择、遗传与变异等机制，使每个个体的适应性提高，由于其全局搜索的优势，遗传算法在解决 TSP 问题中有明显的优势。

　　这个问题的编码方法是：设 $D=\{d_{ij}\}$ 是由城市 i 和城市 j 之间的距离组成的距离矩阵，旅行商问题就是求出一条通过所有城市且每个城市只通过一次的具有最短距离的回路。

　　在旅行商问题的各种求解方法中，描述旅行路线的方法主要有如下两种：巡回旅行路线经过的连接两个城市的路线的顺序排列；巡回旅行路线所经过的各个城市的顺序排列。大

多数求解旅行商问题的遗传算法是以后者为描述方法的，它们都采用所遍历城市的顺序来表示各个个体的编码串，其等位基因为 N 个整数值或 N 个记号。

以城市的遍历次序作为遗传算法的编码，目标函数取路径长度。在群体初始化、交叉操作和变异操作中考虑 TSP 问题的合法性约束条件（即对所有的城市做到不重不漏）。

3. TSP 问题的遗传算法设计

如果用遗传算法进行路径优化，可分为以下几步。

（1）参数编码和初始群体设定

一般来说遗传算法对解空间的编码大多采用二进制编码形式，但对 TSP 一类排序问题，采用对访问城市序列进行排列组合的方法编码，即某个巡回路径的染色体个体是该巡回路径的城市序列。

针对 TSP 问题，编码规则通常是取 N 进制编码，即每个基因仅从 1 到 N 的整数里面取一个值，每个个体的长度为 N，N 为城市总数定义一个 s 行 t 列的 pop 矩阵来表示群体，t 为城市个数+1，即 $N+1$，s 为样本中个体数目。针对 30 个城市的 TSP 问题，t 取值 31，即矩阵每一行的前 30 个元素表示经过的城市编号，最后一个元素表示经过这些城市要走的距离。

参数编码和初始群体设定程序为

```
pop = zeros(s,t) ;
for i= 1:s
pop( 1,1:t-1) = randperm(t-1);
end
```

（2）适应度函数设计

在 TSP 的求解中，用距离的总和作为适应度函数，来衡量求解结果是否最优。将 pop 矩阵中每一行表示经过的距离的最后一个元素作为适应度函数。两个城市 m 和 n 间的距离为

$$d_{mn} = \sqrt{(x_m - x_n)^2 + (y_m - y_n)^2} \tag{5-16}$$

通过计算路径长度可以得到目标函数和自适应函数。根据 t 的定义，两两城市组合数共有 $t-2$ 组，则目标函数为

$$J(t) = \sum_{j=1}^{t-2} d(j) \tag{5-17}$$

自适应度函数取目标函数的倒数，即

$$f(t) = \frac{1}{J(t)} \tag{5-18}$$

（3）计算选择算子

选择就是从群体中选择优胜个体、淘汰劣质个体的操作，它是建立在群体中个体适应度评估基础上采用的最优保存方法，即将群体中适应度最大的 c 个个体直接替换适应度最小的 c 个个体。

（4）计算交叉算子

交叉算子在遗传算法中起着核心作用，它是指将个体进行两两配对，并以交叉概率 p_c 将配对的父代个体加以替换重组而生成新个体的操作仿真中，取当前随机值>p_c，则随机选

择两个个体进行交叉。

有序交叉法实现的步骤是：

1）随机选取两个交叉点 crosspoint(1)和 crosspoint(2)。

2）两后代先分别按对应位置复制双亲和匹配段中的两个子串 A1 和 B2。

3）在对应位置交换 X1 和 X2 双亲匹配段 A1 和 B1 以外的城市。如果交换后，后代 X1'中的某一城市 a 与子串 A1 中的城市重复，则在子串 B1 中找到与子串 A1 中城市 a 对应位置处的城市 b，并用城市 b 取代城市 a，如果城市 b 与 X1'子串 A1 中的城市还重复，则在子串 B1 中找到与子串 A1 中城市 b 对应位置处的城市 c，并用城市 c 取代城市 b，直到 X1'中的城市均不重复为止。对后代 X2'也采用同样的方法。

（5）计算变异算子

变异操作是以变异概率 p_m 对群体中个体串某些基因位上的基因值做变动，若变异后子代的适应度值更加优异，则保留子代染色体，否则，仍保留父代染色体。这里采用倒置变异法：假设当前个体 X 为（1 3 7 4 8 0 5 9 6 2），如果当前随机概率值>p_m，则随机选择来自同一个体的两个点 mutatepoint(1) 和 mutatepoint(2)，然后倒置该两点的中间部分，产生新的个体。例如，假设随机选择个体 X 的两个点"7"和"9"，则倒置该两个点的中间部分，即将"4 8 0 5"变为"5 0 8 4"，产生新的个体 X 为（1 3 7 5 0 8 4 9 6 2）。

4. 仿真实例

分别以 8 个城市和 30 个城市的路径优化为例。8 个城市优化时，遗传算法参数设定为：群体个体数目 s=30，交叉概率 p_c=0.10，变异概率 p_m=0.80，取 c=15。通过改进进化代数为 k，观察不同进化代数的路径的优化情况，经过 50 次进化，城市组合路径达到最小。最短路程为 2.8937。仿真过程表明，在 100 次仿真实验中，有 98 次以上可收敛到最优解。8 个城市的仿真结果如图 5-19 所示。

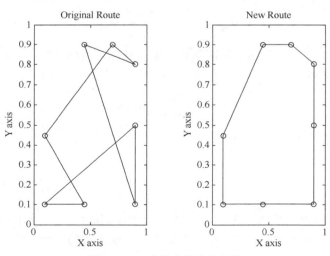

图 5-19　8 个城市的仿真结果

30 个城市优化时，遗传算法参数设定为：群体个体数目 s=1500，交叉概率 p_c=0.10，变异概率 p_m=0.80，取 c=25。经过 50 次进化，城市组合路径达到最小。最短路程为 424。30 个城市的仿真结果如图 5-20 所示。

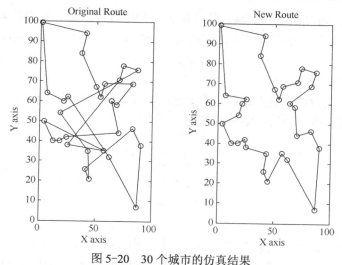

图 5-20　30 个城市的仿真结果

5.3.3　双足机器人步态规划算法仿真

双足步态是指双足机器人的行走方式，即两条腿按一定的顺序和轨迹的运动过程。

1. 双足仿人机器人步态

双足仿人机器人主要有两种步态，分别是仿人行走运动步态和跑步运动步态。接下来的仿真选择行走运动步态构建模型仿真。

仿人行走运动步态：双足机器人在步行运动中前向各关节的运动与侧向各关节运动间的耦合很小，可以忽略这一耦合的影响，对机器人前向和侧向的运动分开讨论。机器人前向行走时，由侧向关节和前向关节的协调运动来实现，通过侧向关节的运动来移动机构的重心，双腿前向关节的协调运动使机器人向前行走。双足机器人前向运动过程和行走步骤：重心右移（假设先是右腿支撑）、左腿抬起、左腿放下、重心移到双腿中间、重心左移、右腿抬起、右腿放下、重心移到双腿间，共分 8 个阶段。步态规划时包含启动、正常行走和停止这 3 个步态的步行过程。

仿人跑步运动步态：双足机器人跑步运动的步态规划问题又被称为跑步模式生成问题。双足机器人的跑步过程包括两个阶段：支承阶段和飞行阶段，又称为支承期和飞行期，或者支承相和飞行相。在支承阶段，机器人单脚着地，腿先收缩然后伸展，通过蹬地动作使机器人离开地面进入飞行阶段；在飞行阶段，机器人双脚离开地面，调整两腿的姿态以准备下一次着地，进入支承阶段，交替反复，完成跑步运动。

2. 基于中枢模式发生器（CPG）的控制方法

基于中枢模式发生器（CPG）的控制方法是一种模拟生物低级神经中枢的自激行为引起自发节律性运动的控制方法。CPG 由兴奋、抑制两种基本神经元构成，其行为是网络的集合行为，具有整体性，能够通过神经元之间的相互抑制产生稳定的相位互锁关系，并通过自激振荡激发肢体的节律运动。依靠神经元之间的不同连接方式，能实现多种类型的节律运动（如双足、多足的不同步态等）的控制。能够在缺乏高层控制信号和外部反馈的情况下，自动产生稳定的振荡行为，而高层信号和外部反馈可起到调节及稳定作用。

CPG 的振荡行为可以与外部输入信号耦合，输出取决于输入信号的幅值、频率、多个输入之间的相位关系。由于各神经元之间的突触连接具有可塑性，神经电路表现出多种行为模式。

（1）CPG 模型的建立过程

神经振荡器是 CPG 网络的基本组成单元，对其进行数学建模是实现工程应用的首要步骤。式（5-19）是漏极积分器的微分方程

$$\begin{cases} \tau\dot{x} + x = \sum_{j=1}^{m} C_j S_j \\ y = g(x - \theta) \\ g(x) = \max(x, 0) \end{cases} \tag{5-19}$$

式中，x 为神经元膜电位；S_j 为输入脉冲；C_j 为神经键连接系数；τ 为时间常数；θ 为门槛值。

这种模型简洁、易用，能够描述复杂现象，曾被不少学者用于模拟神经元的行为。但是这种模型在阶跃输入时，输出呈单调递增趋势，最终达到静态稳定。而实际神经元在脉冲发送过程中具有疲劳、自抑制特性（也称为适应性），即输出在最初迅速增加，之后逐渐下降。具有这种特性的生物现象有许多，比如，躯体对刺激的反应在最初比较灵敏，随着刺激时间的增加，感觉就会变得迟钝。

（2）单振荡器（两个相互抑制神经元）模型仿真

为了改进神经元的输出信号，采用两个神经元相互抑制，作为关节振荡器，这两个神经元分别为屈肌单元（f）、伸肌单元（e），所构造的两个互抑神经元组成的振荡器的模型如图 5-21 所示。图 5-22 表示振荡器（两个互抑神经元）的 CPG 模型。

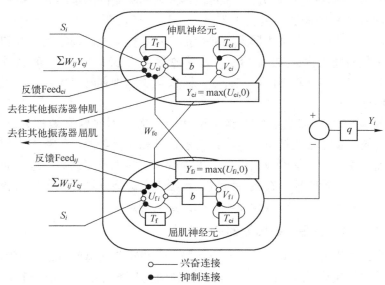

图 5-21　两个互抑神经元组成的振荡器模型

由 MATLAB 仿真可得，伸肌神经元的状态、屈肌神经元的状态及两个互抑神经元的输出分别如图 5-23、图 5-24 和图 5-25 所示。

由图 5-23 和图 5-24 可以看出，伸肌神经元和屈肌神经元交替兴奋，当伸肌神经元的

输出信号大于零时，屈肌神经元的输出信号小于零，反之亦然。这两个神经元的输出状态合成波形如图 5-25 所示，可见两个互抑神经元产生的信号规律振荡，能够用作机器人关节的节律性运动控制。

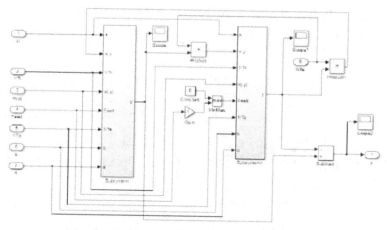

图 5-22　振荡器（两个互抑神经元）的 CPG 模型

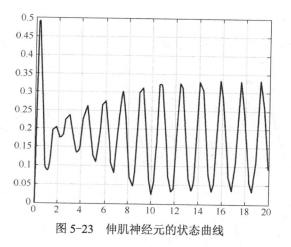

图 5-23　伸肌神经元的状态曲线

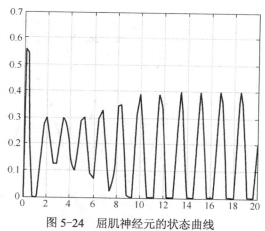

图 5-24　屈肌神经元的状态曲线

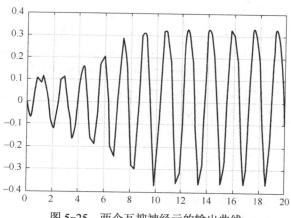

图 5-25　两个互抑神经元的输出曲线

3．双足机器人的仿人步态控制

利用已构建的神经元模型，搭建双足机器人仿人步行运动步态运动仿真模型，振荡器之间的连接关系分为互相激励和互相抑制。仿人步行步态两足之间运动是相互抑制的，故两者之间为抑制性连接，仿真模型如图 5-26 所示。由 MATLAB 仿真可得，其两个足的相位差为 1/2，如图 5-27 所示。

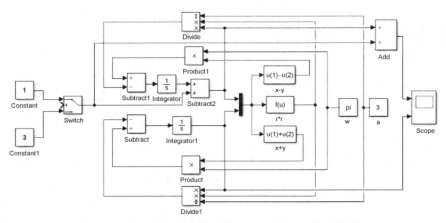

图 5-26　双足（抑制性连接）机器人 CPG 仿真模型

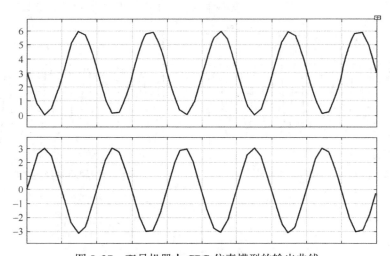

图 5-27　双足机器人 CPG 仿真模型的输出曲线

如图 5-27 所示，上波形为双足仿人机器人的左足，下波形为右足，两足的摆动相的相位始终相差 1/2，故能形成良好的行走姿态，完成仿人行走。

习题

1．机器人控制技术主要包含哪些方面？

2．什么是 PID 算法？如何使用？

3．智能 PID 参数整定的方法有哪些？分别有什么特点？

4. 机器人的路径规划有哪些种类？算法设计时应主要考虑什么因素？

5. 什么叫步态控制？主要有哪些主流的控制方法？

6. 多机器人协作过程中使用的任务分配方法主要有哪几类？如何选择？

7. 实现机器人控制算法的仿真，需要用到 S 函数，什么是 S 函数？

8. 多关节机器人控制采用什么算法？

9. 什么叫 CPG 控制算法？

10. 用遗传算法进行路径优化，有哪几个步骤？

第6章 轮式巡线机器人的设计与制作

轮式移动机器人是最常见的机器人类型，是机器人应用领域的重要研究发展方向。轮式机器人的移动方向有时需要外加环境标识的引导，其中引导线是一种常用的方式。

本章围绕轮式机器人巡线的任务，介绍机器人的硬件设计、电路设计、软件开发环境、I/O 端口应用、控制软件设计以及机器人系统的整体调试，为后期研究移动机器人的更多功能奠定了重要的基础。

6.1 轮式巡线机器人

轮式机器人是最常见的机器人，它不仅移动速度快、稳定性好，而且移动方向易于控制，广泛应用于安防、医疗、工业等多个领域。轮式机器人为了到达目的地，有时需要一定的引导方式，最常见的就是沿着地面引导线行走。此时机器人需要利用传感器采集地面信息，识别引导线，做出正确的路径判断，再驱动机器人的本体移动。图 6-1 分别为两轮和四轮驱动的巡线机器人。

　　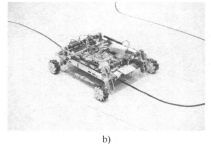

a)　　　　　　　　　　　　　　　　b)

图 6-1　巡线机器人

a) 两轮巡线机器人　b) 四轮巡线机器人

本章设计一款轮式巡线机器人，机器人在白色的场地上通过识别地面的黑色引导线信息，适时地调整转向角度和车速，自动地沿着给定的黑色引导线行驶，场地如图 6-2 所示。

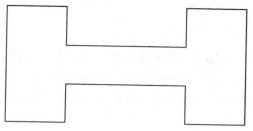

图 6-2　巡线机器人测试地图

6.2　硬件设计

机器人包括底盘结构、舵机、轮子、传感器、稳压模块、锂电池等，如图 6-3 所示。

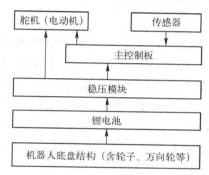

图 6-3　机器人硬件设计框图

6.2.1　机械结构设计

轮式巡线机器人的主体采用两轮加万向轮的结构，车前侧安装两个传感器，用于检测地面信息，车后侧安装万向轮实现车身稳定及转向功能。如图 6-4 所示。

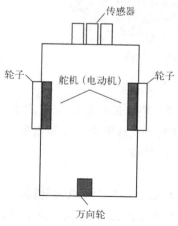

图 6-4　机械结构设计

6.2.2 电路设计

轮式巡线机器人系统的电路主要包括主控板、传感器、电源、驱动器等，如图 6-5 所示。主控板是整个机器人的核心，用于接收、处理传感器信息，控制驱动器工作；传感器是信息采集模块，负责采集地面引导线信息；驱动器负责驱动机器人实现各种直行、左转和右转动作。

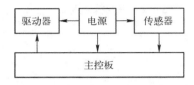

图 6-5　轮式巡线机器人电路系统示意图

1. 主控板

为了完成轮式巡线机器人的控制，主控板选用 STM32 单片机开发板，如图 6-6 所示。主控芯片是 STM32F103ZET6，如图 6-7 所示，它是 STM32 系列中性价比较适中的一款芯片。采用了高性能的 32 位精简指令内核 ARM Cortex-M3，具有 128KB Flash，具有 112 路通用 I/O 口，能满足多路传感器和驱动器的接入；提供三个 12 位 ADC、4 个通用 16 位定时器和两个 PWM 定时器，以及 I²C、SPI、USART、USB 和 CAN 等多种通信接口。与 MCS-51 等单片机相比运算速度更快、集成度更高、对数据量的处理功能更强大，具有高性能、低功耗、低成本等特性，较适合用于小型机器人的开发。

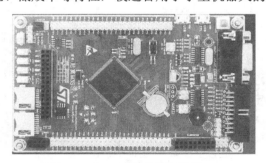 

图 6-6　STM32 单片机开发板　　　　　　　图 6-7　STM32F103ZET6 芯片

2. 驱动器的选择

适合轮式机器人驱动的方式主要有速度舵机和直流电机等方式。其中，直流电动机转速快、力矩大，更加适合快速移动、负重要求较高的机器人；速度舵机控制精度较高，更加适合机械臂、抓手等高精度定位的领域。

（1）舵机

设计轮式巡线机器人时，可以选用 FS5113R 舵机作为轮式机器人的驱动器，如图 6-8 所示。此款舵机的齿轮为铜质结构，结实耐用，为连续旋转舵机，工作电压为 4.8～6V，在 6V 电源供电条件下，额定转矩为 12kg/cm，可作为轻型轮式机器人的驱动器。此款舵机有三根连接线，其中红色线连接电源正极，棕色线连接电源负极，橙色线连接控制信号。

（2）直流电动机

设计轮式巡线机器人时，也可以选用 6V 直流电机作为轮式机器人的驱动器。此款直流电动机的减速箱减速比为 48∶1，空载速度最高可达 240 转/分钟，空载速度为 48m/min。电动机由于工作时所需电流较大，需要外接电动机驱动器 L295 模块。6V 直流电动机及其驱动电路如图 6-9 所示。

图 6-8　FS5113R 舵机

图 6-9　6V 直流电动机及其驱动电路

3. 电源模块

稳定的供电电压是保障硬件电路稳定工作的前提。主控制板芯片的工作电压为 2～3.6V，舵机和小直流电动机的工作电压为 4.8～7.2 V，选择了额定电压为 7.4V 的 2S 锂电池供电，如图 6-10a 所示。为了给电路提供稳定的直流电压，选用 LM2596S DC-DC 稳压模块，如图 6-10b 所示，可实现稳定的 3.3V、5V、12V 的电压转换，此模块输入电压范围为 3.2～35V，输出电压范围为 2.45～30V，输出电流可达 3A。

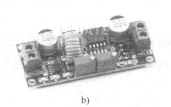

a)　　　　　　　　　　b)

图 6-10　电源模块

a) 2S 锂电池　b) LM2596S DC-DC 稳压模块

4. 传感器

轮式巡线机器人的传感器主要用于探测图 6-2 所示白色地图中黑色边界线，所以选用型号为 Sen1595 的灰度传感器，如图 6-11 所示。Sen1595 模块是一种常用的数字输出灰度传感器，可用于识别常见的黑白色等，对外接口有三个，分别为 VCC（电源）、GND（地）和 SIG（输出信号），其中供电电压为 DC 4～6V。它由

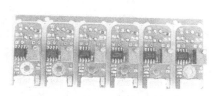

图 6-11　Sen1595 灰度传感器

LED 发光二极管、光敏电阻、可调电位器和电压比较器等部分组成。探测距离为 8～35mm，推荐距离为 10～20mm。通过电位器调节基准电压以保证传感器正常工作。

5. 电路连接架构（框图）

轮式巡线机器人控制电路的主要硬件及其主要参数确定后，可参考图 6-12 将各硬件相

连组成机器人的控制系统，进行各模块的测试。

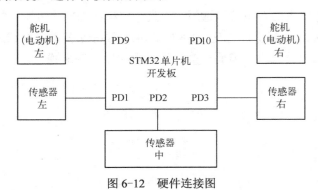

图 6-12　硬件连接图

6.3　软件开发环境

　　Keil 是一款基于微控制器的软件开发平台，是目前 ARM 内核单片机开发的主流工具。Keil 提供了包括 C 编译器、宏汇编、连接器、库管理和一个功能强大的仿真调试器在内的完整开发方案，通过一个集成开发环境将这些功能组合在一起。

　　Keil MDK 是基于 Cortex-M3、Cortex-M4、ARM7、ARM9 处理器的一个完整的开发环境，Keil MDK 专为微控制器应用而设计，能够满足大多数要求严格的嵌入式应用。Keil MDK 有 4 个可用版本，分别是 MDK-Lite、MDK-Basic、MDK-Standard、MDK-Professional，每个版本都提供一个完善的 C/C++开发环境，最终可以在开发环境中编译生成单片机识别的可执行文件。Keil MDK 集成开发环境如图 6-13 所示。

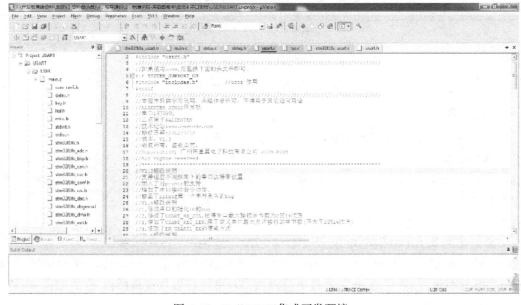

图 6-13　Keil MDK 集成开发环境

6.3.1　Keil MDK 开发环境的安装

Keil MDK 编程开发环境的安装过程分为两部分，具体如下。

1. 安装 mdk_514.exe

以管理员身份安装完成后，出现如图 6-14 所示的界面。

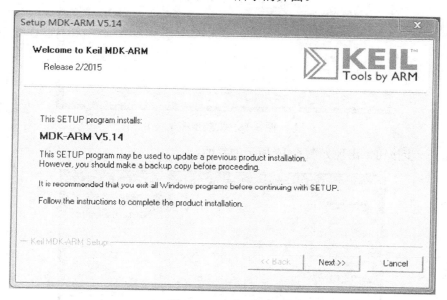

图 6-14　安装步骤 1

单击下一步按钮，出现如图 6-15 所示的界面。

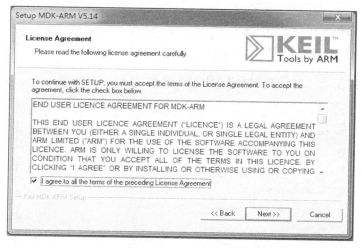

图 6-15　安装步骤 2

选择安装的地址，出现如图 6-16 所示的界面。

图 6-16　安装步骤 3

单击下一步按钮，出现如图 6-17 所示的界面。

图 6-17　安装步骤 4

继续安装直到完成，出现如图 6-18 所示的界面。

图 6-18　安装步骤 5

2. 安装 Keil.STM32F1xx_DFP.1.0.5.pack

为了能在 Keil 中对 STM32 M3 进行正常的编程及编译，需要继续安装相关的库函数包，具体如下。

右键单击开始，出现如图 6-19 所示的界面。

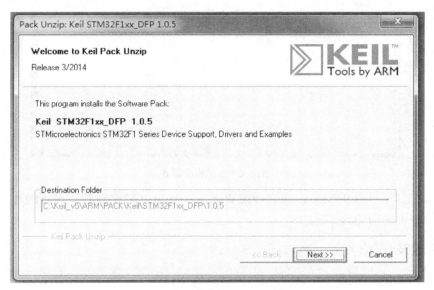

图 6-19　安装步骤 6

单击下一步按钮，出现如图 6-20 所示的界面。

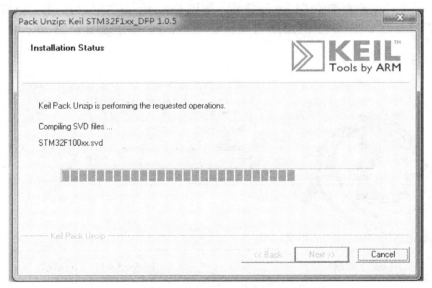

图 6-20　安装步骤 7

安装完成后出现如图 6-21 所示的界面。

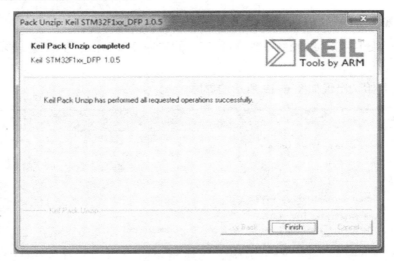

图 6-21　安装步骤 8

这样就完成了软件的安装，在进行配置之后，就可以对控制芯片进行编程，同时生成控制芯片能够识别的 hex 文件。

6.3.2　下载及调试软件

（1）代码下载及调试

程序编译好后，需要将编译后的 hex 文件下载到 STM32 开发板的主控 CPU，程序才能运行，执行相关动作。STM32 开发板下载程序的方法有串口下载和 J-Link 下载。如果通过 J-Link 进行下载，则需要准备 J-Link 下载器，如图 6-22 所示；如果使用串口或者 USB 口下载，需要串口或者 USB 口与 STM32 开发板连接，在 PC 端通过图 6-23 所示的下载软件下载程序。

图 6-22　J-Link 下载器

图 6-23　串口下载软件

（2）代码调试

机器人调试的过程中，遇到问题需要进一步确认原因，此时需要可视化的调试工具，既可以通过串口调试，又可以通过 J-Link 调试。串口调试助手是通过电脑串口（USB 口）与主控芯片的串口进行通信、收发数据并显示的一种应用软件，如图 6-24 所示。它不仅可以控制程序的执行，也可以采集数据，判断运行状态。

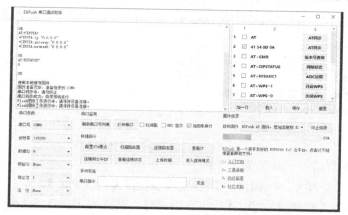

图 6-24　串口调试助手

6.4　STM32 的 I/O 端口的应用

主控板控制舵机（电机）、传感器采集数据都是依赖 I/O 端口来实现的，本节介绍 I/O 端口的基本应用。

6.4.1　I/O 端口的配置及使用

STM32-M3 单片机有 7 组 16 位的并行 I/O 端口：PA、PB、PC、PD、PE、PF、PG，共 112 个，这些端口既可以作为输入（Input），也可以作为输出（Output）；可按 16 位处理，也可按位方式（1 位）使用。如果将 PA-PG 口作为输入或输出，需要先进行相关的配置。STM32 的部分端口有复用功能，既有普通的输入输出口功能，又能作为串口等复用功能。

1. I/O 端口配置

STM32 单片机的 I/O 端口结构如图 6-25 所示。

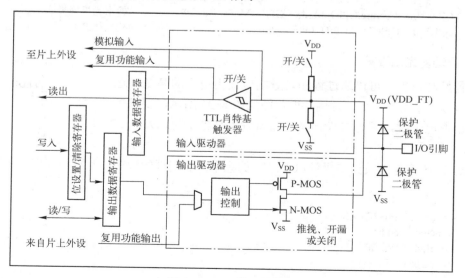

图 6-25　I/O 端口结构图

在 Keil MDK 的头文件"stm32f10_gpio.h"里，端口定义按照下面的结构体操作：

```
typedef struct
{
    u16 GPIO_Pin;
    GPIOSpeed_TypeDef GPIO_Speed;
    GPIOMode_TypeDef GPIO_Mode;
}
GPIO_InitTypeDef;
```

由此可知，配置端口一共分为三步：

1）选择 I/O 的引脚号，比如使用 PD5 就需要使能 GPIO_Pin_5。

2）选择端口的工作速度，当工作于 2MHz 时，设置为 GPIO_Speed_2MHz；当工作于 10M 时，设置为 GPIO_Speed_10MHz；当工作于 50MHz 时，设置为 GPIO_Speed_50MHz。

3）选择引脚的工作模式。STM32 系列单片机的输入/输出引脚可配置成 8 种：其中设置输入方式包括浮空输入 In_Floating、带上拉输入 IPU（In Push-Up）、带下拉输入 IPD（In Push-Down）、模拟输入 AIN（Analog In）；设置输出方式包括开漏输出 OUT_OD、推挽输出 OUT_PP、复用功能的推挽输出 AF_PP、复用功能的开漏输出 AF_OD。

IO 引脚设置应该参考以下原则：

1）当引脚为数字输入，可以选择浮空输入、带上拉输入或带下拉输入。

2）当引脚为 ADC 输入，配置引脚为模拟输入。

3）当引脚为输出，需要根据外部电路的配置选择对应的引脚为推挽输出或开漏输出。当使用传感器时，GPIO 口设为输入模式。当使用电机或者舵机时，GPIO 口设为输出模式。

以驱动发光二极管为例，使用前进行输出端口配置。配置程序如下：

```
GPIO_InitTypeDef   GPIO_InitStructure;
GPIO_InitStructure.GPIO_Pin = GPIO_Pin_5;
GPIO_InitStructure.GPIO_Speed = GPIO_Speed_50MHz;        //端口速度
GPIO_InitStructure.GPIO_Mode = GPIO_Mode_Out_PP;         //输出为推挽模式
GPIO_Init(GPIOD, &GPIO_InitStructure);                   //初始化 PD
```

2. 驱动发光二极管

配置好端口后，可以通过程序设置端口输出电平的高低，这里以端口接一个发光二极管为例。电路图如图 6-26 所示，要求当端口输出低电平时，发光二极管亮；端口输出高电平时，发光二极管灭。

通过 PD5 来控制发光二极管以 0.5Hz 的频率不断闪烁的程序如下：

图 6-26　发光二极管电路图

```
#include "stm32f10x.h"
#include "led.h"
#include "delay.h"
int main(void)
{
LED_Init();                                    //初始化 LED，包括端口配置
```

```
                SysTick_Init();                              //初始化时钟
                while(1)
                  {
                  GPIO_SetBits(GPIOD, GPIO_Pin_5);           //PB5 输出高电平
                  Delay_ms(1000);                            //延时 500ms
                  GPIO_ResetBits(GPIOD, GPIO_Pin_5);         //PB5 输出低电平
                  Delay_ms(1000);                            //延时 500ms
                  }
                }
```

　　GPIO_SetBits 和 GPIO_ResetBits 是分别将端口设置为高电平和低电平。头文件 delay.h 中定义了延时函数：Delay_ms(x)。用这个函数控制灯闪烁的时间间隔。结合电路图可知，当 PD5 输出低电平时，发光二极管亮；当 PD5 输出高电平时，发光二极管灭。while(1)逻辑块中的语句，两次调用了延时函数，让单片机微控制器在给 PD5 引脚端口输出高电平和低电平之间都延时 1000ms，即输出的高电平和低电平都保持 1000ms，从而达到发光二极管 LED 以 0.5Hz 的频率不断闪烁的效果。

6.4.2　PWM 波产生

　　驱动电动机和舵机需要 PWM 波来实现能量、信号等参数的调节。PWM 波如图 6-27 所示。

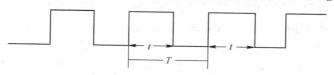

图 6-27　PWM 波示意图

　　通过对 I/O 口输出固定频率的高低电平，是常见的 PWM 波生成方法，这种方法较适合固定占空比的 PWM 波。如果机器人在行走过程中需要调速，则一般考虑由定时器产生 PWM 波。STM32 的定时器除了 TIM6 和 TIM7，其他的定时器都可以用来产生 PWM 输出。其中高级定时器 TIM1 和 TIM8 可以同时产生 7 路的 PWM 输出。而通用定时器也能同时产生 4 路的 PWM 输出。

　　本小节介绍如何使用 STM32 的 TIM3 来产生 PWM 输出，将 TIM3 的通道 2 重映射到 PB5，产生 PWM 来控制 LED 灯的亮度。

　　PWM 相关的函数设置在库函数文件 stm32f10x_tim.h 和 stm32f10x_tim.c 中，具体使用如下：

　　（1）开启 TIM3 时钟以及复用功能时钟，配置 PB5 为复用输出

　　库函数使能 TIM3 时钟的方法是：

```
        RCC_APB1PeriphClockCmd(RCC_APB1Periph_TIM3, ENABLE);        //使能定时器 3 时钟
```

　　库函数设置 AFIO 时钟的方法是：

```
        RCC_APB2PeriphClockCmd(RCC_APB2Periph_AFIO, ENABLE);        //复用时钟使能
```

　　设置 PB5 为复用功能输出：

```
        GPIO_InitStructure.GPIO_Mode = GPIO_Mode_AF_PP;             //复用推挽输出
```

（2）设置 TIM3_CH2 重映射到 PB5 上

因为 TIM3_CH2 默认是接在 PA7 上的，所以需要设置 TIM3_REMAP 为部分重映射（通过 AFIO_MAPR 配置），让 TIM3_CH2 重映射到 PB5 上面。在库函数里面设置重映射的函数是：

```
void GPIO_PinRemapConfig(uint32_t GPIO_Remap, FunctionalState NewState);
```

STM32 重映射只能重映射到特定的端口。第一个入口参数可以理解为设置重映射的类型，比如 TIM3 部分重映射入口参数为 GPIO_PartialRemap_TIM3。所以 TIM3 部分重映射的库函数实现方法是：GPIO_PinRemapConfig(GPIO_PartialRemap_TIM3，ENABLE);

（3）初始化 TIM3，设置 TIM3 的 ARR 和 PSC

在开启了 TIM3 的时钟之后，要设置 ARR 和 PSC 两个寄存器的值来控制输出 PWM 的周期。这在库函数是通过 TIM_TimeBaseInit 函数实现的，调用的格式为：

```
TIM_TimeBaseStructure.TIM_Period = arr;                        //设置自动重装载值
TIM_TimeBaseStructure.TIM_Prescaler =psc;                      //设置预分频值
TIM_TimeBaseStructure.TIM_ClockDivision = 0;                   //设置时钟分割：TDTS = Tck_tim
TIM_TimeBaseStructure.TIM_CounterMode = TIM_CounterMode_Up;    //向上计数模式
TIM_TimeBaseInit(TIM3, &TIM_TimeBaseStructure);                //根据指定的参数初始化 TIMx
```

（4）设置 TIM3_CH2 的 PWM 模式，使能 TIM3 的 CH2 输出

接下来，要设置 TIM3_CH2 为 PWM 模式，因为 LED1 是低电平亮，而希望当 CCR2 的值小的时候，LED1 就暗，CCR2 值大的时候，LED1 就亮，所以要通过配置 TIM3_CCMR1 的相关位来控制 TIM3_CH2 的模式。 在库函数中，PWM 通道是通过函数 TIM_OC1Init()～TIM_OC4Init()来设置的，不同的通道的设置函数不一样， 这里使用的是通道 2，所以使用的函数是 TIM_OC2Init()。

```
void TIM_OC2Init(TIM_TypeDef* TIMx, TIM_OCInitTypeDef* TIM_OCInitStruct);
typedef struct
{
uint16_t TIM_OCMode;
uint16_t TIM_OutputState;
uint16_t TIM_OutputNState;
uint16_t TIM_Pulse;
uint16_t TIM_OCPolarity;
uint16_t TIM_OCNPolarity;
uint16_t TIM_OCIdleState;
uint16_t TIM_OCNIdleState;
}
TIM_OCInitTypeDef;
```

其中，参数 TIM_OCMode 用于设置模式是 PWM 还是输出比较，这里设置为 PWM 模式。参数 TIM_OutputState 用来设置比较输出使能，也就是使能 PWM 输出到端口。参数 TIM_OCPolarity 用来设置极性高低。其他的参数 TIM_OutputNState，TIM_OCNPolarity、TIM_OCIdleState 和 TIM_OCNIdleState 是高级定时器 TIM1 和 TIM8 才用到的。

要实现上面提到的场景，方法是：

```
TIM_OCInitTypeDef TIM_OCInitStructure;
```

```
TIM_OCInitStructure.TIM_OCMode = TIM_OCMode_PWM2;        //选择 PWM 模式 2
TIM_OCInitStructure.TIM_OutputState = TIM_OutputState_Enable;   //比较输出使能
TIM_OCInitStructure.TIM_OCPolarity = TIM_OCPolarity_High;      //输出极性高
TIM_OC2Init(TIM3, &TIM_OCInitStructure);              //初始化 TIM3 OC2
```

（5）使能 TIM3

在完成以上设置之后，需要使能 TIM3。使能 TIM3 的方法前面已经讲解过：

```
TIM_Cmd(TIM3, ENABLE);                      //使能 TIM3
```

（6）修改 TIM3_CCR2 来控制占空比

最后，在经过以上设置之后，PWM 其实已经开始输出了，只是其占空比和频率都是固定的，而通过修改 TIM3_CCR2 则可以控制 CH2 的输出占空比，继而控制 LED1 的亮度。

在库函数中，修改 TIM3_CCR2 占空比的函数是：

```
void TIM_SetCompare2(TIM_TypeDef* TIMx, uint16_t Compare2);
```

对于其他通道来说，都是分别有一个函数名，并且函数格式为 TIM_SetComparex(x=1，2，3，4)。通过以上 6 个步骤，就可以控制 TIM3 的 CH2 输出 PWM 波了。

主程序使用下面代码：

```
while(1)
{
delay_ms(10);
if(dir)led0pwmval++;
else led0pwmval--;
if(led0pwmval>300)dir=0;
if(led0pwmval==0)dir=1;
TIM_SetCompare2(TIM3, led0pwmval);
}
```

6.4.3 舵机和电动机驱动

1．I/O 口驱动舵机

图 6-28 为常用的舵机，控制舵机转动的 PWM 时序图如图 6-29 所示。控制电机运动转速的是高电平持续的时间，当高电平持续 1.5ms 时，该脉冲序列发给经过零点标定后的舵机，舵机不会旋转。当高电平持续时间为 1.3ms 时，电动机顺时针全速旋转，当高电平持续时间为 1.7ms 时，电动机逆时针全速旋转。下面介绍如何给 STM32 微控制器编程使 PD 端口的第 9、10 引脚（PD9、PD10）产生舵机的控制信号。

图 6-28　舵机

20ms

图 6-29　舵机 PWM 时序图

首先确认一下机器人两个舵机的控制线是否已经正确地连接到了 STM32 开发板的两个

接口上。将电源线、地线和信号线与开发板正确连接，PD9 与左边的舵机信号线相接，而 PD10 引脚与右边的舵机信号线相接。

这里对微控制器编程发给舵机的高、低电平信号必须具备更精确的时间，要求具有比 delay_ms()函数的时间更精确的函数，这就需要用另一个延时函数 delay_us()。这个函数可以实现更小的延时，它的延时单位是微秒，即千分之一毫秒。

控制 PD10 引脚的代码如下：

```
while(1)
{
    GPIO_ SetBits(GPIOD, GPIO_Pin_10);          //PD10 输出高电平
    Delay_us(1500);                             //延时 1500μs
    GPIO_ ResetBits(GPIOD, GPIO_ Pin_10)        //PD10 输出低电平
    Delay_us(20000);                            //延时 20ms
}
```

此时，舵机应该静止不动。如果它在慢慢转动，就说明舵机需要进行零点标定。舵机全速旋转的代码如下：

```
while(1)
{
    GPIO_SetBits(GPIOD, GPIO_ Pin_10);          //PD10 输出高电平
    Delay_us(1300);//延时 1300μs 为顺时针全速旋转，延时 1700μs 为逆时针全速旋转
    GPIO_ ResetBits(GPIOD, GPIO_ Pin_10)        //PD10 输出低电平
    Delay_us(20000);                            //延时 20ms
}
```

刚才是让连接到 PD10 引脚的舵机轮子全速旋转，可以修改程序让连接到 PD9 机器人轮子全速旋转。当然，修改程序也可让机器人的两个轮子都旋转。让机器人两个轮子都顺时针全速旋转的主程序参考下面的代码。这里需要注意的是，在机器人安装舵机时，由于两侧是相反放置的，程序设计时应考虑这一点。

直行时，左轮顺时针转动，右轮逆时针转动，两个轮子的转速相同，直行的控制代码样例如下：

```
while(1)
{
GPIO_ SetBits(GPIOD, GPIO_Pin_10;              //PD10 输出高电平
Delay_ us(1700);                               //延时 1700μs
GPIO_ ResetBits(GPIOD, GPIO_ Pin_10);
GPIO_ SetBits(GPIOD, GPIO_ Pin_9);             //PD9 输出高电平
Delay_ us(1300);                               //延时 1300μs
GPIO_ ResetBits(GPIOD, GPIO_ Pin_10);          //PD10 输出低电平
Delay_ us(20000);                              //延时 20ms
}
```

左转时，左轮转动速度慢，右轮转动速度快，左转的控制代码样例如下：

```
while(1)
{
GPIO_ SetBits(GPIOD, GPIO_Pin_10;              //PD10 输出高电平
Delay_ us(1700);                               //延时 1700μs
```

```
GPIO_ResetBits(GPIOD, GPIO_Pin_10);
GPIO_SetBits(GPIOD, GPIO_Pin_9);              //PD9 输出高电平
Delay_us(1400);                               //延时 1400μs
GPIO_ResetBits(GPIOD, GPIO_Pin_10);           //PD10 输出低电平
Delay_us(20000);                              //延时 20ms
}
```

右转时，右轮转动速度慢，左轮转动速度快。左转的控制代码样例如下：

```
while(1)
{
GPIO_SetBits(GPIOD , GPIO_Pin_10;             //PD10 输出高电平
Delay_us(1600);                               //延时 1600μs
GPIO_ResetBits(GPIOD, GPIO_Pin_10);
GPIO_SetBits(GPIOD, GPIO_Pin_9);              //PD9 输出高电平
Delay_us(1300);                               //延时 1300μs
GPIO_ResetBits(GPIOD, GPIO_Pin_10);           //PD10 输出低电平
Delay_us(20000);                              //延时 20ms
}
```

2. I/O 口驱动直流电动机

直流电动机工作时由于需要的电流较大，通常要用到电动机驱动器。电动机工作电压和电动机转动速度有一定的关系。电动机可以实现正转和反转，取决于电源的供电（+或者-）；电动机的速度也可以通过 PWM 波等方式调速实现。表 6-1 为电动机驱动的功能表。

表 6-1　电动机驱动的功能表

电动机	旋转方式	控制端 IN1	控制端 IN2	调速使能 EN
M1	正转	高	低	PWM 调速
	反转	低	高	
	停止	低	低	

电动机只要通过电动机驱动板提供足够的电压和电流就能工作，所以在电气连接上仅考虑 IN1 和 IN2，就可以实现电动机的全速正转、全速反转和停止。图 6-30 为电动机全速转动时各部分连接图。满足电气连接以外，还要考虑程序的实现，下面是如何控制直流电动机转动的程序：

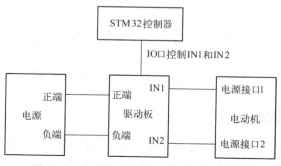

图 6-30　电动机全速转动时各部分连接图

```
#define IN1_1    GPIO_SetBits(GPIOD, GPIO_Pin_5);
#define IN1_0    GPIO_ResetBits(GPIOD, GPIO_Pin_5);
```

```
                #define IN2_1    GPIO_SetBits(GPIOD, GPIO_Pin_6);
                #define IN2_0    GPIO_ResetBits(GPIOD, GPIO_Pin_6);
                #define L_go       IN1_0;IN2_1                      //电动机全速正转
                #define L_back     IN1_1;IN2_0                      //电动机全速反转
                #define L_stop     IN1_0;IN2_0                      //电动机停止
           while(1)
               {
               L_go;
               Delay_ms(1000);                                      //延时 1000ms
               L_back;
               Delay_ms(1000);                                      //延时 1000ms
               L_stop;
               Delay_ms(1000);                                      //延时 1000ms
               }
```

　　STM32 单片机 I/O 口驱动直流电动机调速，IN 的使用方法和全速转动时方法一致，另外需要考虑 EN 使能端口的使用。EN 是电动机驱动电路的输入使能开关，对于直流电动机这里可接 PWM 调制波控制速度，既可以通过 I/O 输出不同比例的高低电平，也可以通过 STM32 自带的 PWM 输出功能。图 6-31 为电动机全速转动时各部分连接图。这里仅介绍输出口输出 PWM 功能，此时将 EN 连接到 PD10，实现电动机以近似一半的速度转动的代码如下：

```
           while(1)
               {
               GPIO_SetBits(GPIOD, GPIO_Pin_10);                   //PD10 输出高电平
               Delay_ms(1000);                                      //延时 1s
               GPIO_ResetBits(GPIOD, GPIO_Pin_10);                 //PD10 输出低电平
               Delay_ms(1000);                                      //延时 1s
               }
```

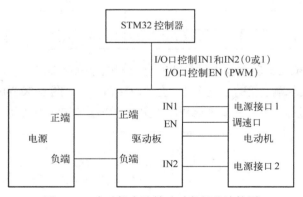

图 6-31　电动机全速转动时各部分连接图

6.4.4　传感器数据采集

　　为了确定小车行进的方向，需要从灰度传感器读取地面引导线信息。灰度传感器从数据的返回类型来看，可以分为数字式灰度传感器和模拟式灰度传感器。读取数字式灰度传感器只需将其接到 STM32 单片机的 I/O 口，读取模拟式灰度传感器则需将其接到 STM32 单片机的 ADC 接口。

1. 读取数字灰度传感器

STM32 单片机接数字式灰度传感器，实际上是使用 STM32 单片机 I/O 口的输入功能。当遇到黑线时，传感器返回高电平；当遇到白线时，传感器返回低电平。具体操作步骤如下：

1）时钟配置：

```
RCC_APB2PeriphClockCmd(RCC_APB2Periph_GPIOD, ENABLE);                //打开 PD 口时钟
```

2）I/O 口配置，PD1、PD2、PD3 进行配置的代码如下：

```
GPIO_InitTypeDef    GPIO_InitStructure;
GPIO_InitStructure.GPIO_Pin = GPIO_Pin_1;
GPIO_InitStructure.GPIO_Pin = GPIO_Pin_2;
GPIO_InitStructure.GPIO_Pin = GPIO_Pin_3;
GPIO_InitStructure.GPIO_Speed = GPIO_Speed_50MHz;        //端口速度
GPIO_InitStructure.GPIO_Mode = GPIO_Mode_In_Floating;    //输入为浮空模式
GPIO_Init(GPIOD, &GPIO_InitStructure);                   //初始化 PD
```

调用函数 GPIO_ReadInputDataBit() 来读取 I/O 口的状态。获得了 I/O 口的值即可为机器人的行进做出判断。本节传感器分别接单片机的 PD1、PD2 和 PD3 口，因此读取这三个口的状态值：

```
GPIO_ReadInputDataBit(GPIOD,GPIO_pin_1);
GPIO_ReadInputDataBit(GPIOD,GPIO_pin_2);
GPIO_ReadInputDataBit(GPIOD,GPIO_pin_3);
```

2. 读取模拟灰度传感器

当机器人行走的地图颜色情况较多，不是只有黑白两种状态时，就要借助模拟传感器获取不同颜色的灰度信息，并据此判断地图颜色信息。模拟传感器产生的信号是模拟信号，由于单片机只能处理数字信号，不能直接读取模拟信号。因此，要将模拟灰度传感器的信号口连接到 ADC 接口，用来读取数据，下面讲解 STM32 中 ADC 的使用方法。

STM32 的 ADC 是 12 位逐次逼近型的模拟数字转换器。它有 18 个通道，可测量 16 个外部信号源和 2 个内部信号源（温度传感器、内部参考电压）。AD 输入引脚与 I/O 口线复用（stm32f103zet6）。

下面介绍使用库函数来设定使用 ADC1 的通道 1 进行 AD 转换。这里需要说明一下，使用到的库函数分布在 stm32f10x_adc.c 文件和 stm32f10x_adc.h 文件中。下面讲解其详细设置步骤：

（1）开启 PA 口时钟和 ADC1 时钟，设置 PA1 为模拟输入

STM32F103ZET6 的 ADC 通道 1 在 PA1 上，所以，先要使能 PORTA 的时钟和 ADC1 时钟，然后设置 PA1 为模拟输入。使能 GPIOA 和 ADC 时钟用 RCC_APB2PeriphClockCmd 函数，设置 PA1 的输入方式，使用 GPIO_Init 函数即可。 这里列出 STM32 的 ADC 通道与 GPIO 对应图。表 6-2 为 ADC 对应引脚图。

（2）复位 ADC1，同时设置 ADC1 分频因子

开启 ADC1 时钟之后，要复位 ADC1，将 ADC1 的全部寄存器重设为默认值之后就可

以通过 RCC_CFGR 设置 ADC1 的分频因子。分频因子要确保 ADC1 的时钟（ADCCLK）不超过 14MHz。这个设置分频因子位数为 6 位，时钟为 72MHz/6=12MHz，库函数的实现方法是：

RCC_ADCCLKConfig(RCC_PCLK2_Div6);

ADC 时钟复位的方法是：

ADC_DeInit(ADC1);

这个函数就是复位指定的 ADC。

表 6-2　ADC 对应引脚图

通　道	ADC1	ADC2	ADC3
通道 0	PA0	PA0	PA0
通道 1	PA1	PA1	PA1
通道 2	PA2	PA2	PA2
通道 3	PA3	PA3	PA3
通道 4	PA4	PA4	PF6
通道 5	PA5	PA5	PF7
通道 6	PA6	PA6	PF8
通道 7	PA7	PA7	PF9
通道 8	PB0	PB0	PF10
通道 9	PB1	PB1	
通道 10	PC0	PC0	PC0
通道 11	PC1	PC1	PC1
通道 12	PC2	PC2	PC2
通道 13	PC3	PC3	PC3
通道 14	PC4	PC4	
通道 15	PC5	PC5	
通道 16	温度传感器		
通道 17	内部参照电压		

（3）初始化 ADC1 参数，设置 ADC1 的工作模式以及规则序列的相关信息

设置完分频因子后，就可以开始 ADC1 的模式配置了，设置单次转换模式触发方式、数据对齐方式等都在这一步实现。同时还要设置 ADC1 规则序列的相关信息，这里只有一个通道，并且是单次转换的，所以设置规则序列中通道数为 1。

（4）使能 ADC 并校准

在设置完以上信息后，就使能 AD 转换器，执行复位校准和 AD 校准，注意这两步是必需的！不校准将导致结果很不准确。

（5）读取 ADC 值

在上面的校准完成之后，ADC 就算准备好了。接下来要做的就是设置规则序列 1 中的通道、采样顺序，以及通道的采样周期，然后启动 AD 转换。在转换结束后，读取 AD 转换结果值。

6.5 系统整体调试

整体调试分为直行纠偏调试、左转调试和右转调试三部分。这里定义传感器 1 为小车最左边的传感器，传感器 2 为小车中间的传感器，传感器 3 为小车最右边的传感器。

6.5.1 直行纠偏调试

轮式巡线机器人的程序设计使用 3 个传感器的返回值作为巡线判断依据。当中间传感器检测到黑线时，判断为机器人巡线行走；当左边传感器检测到黑线时，判断为机器人偏右，应向左行走；当右边传感器检测到黑线时，判断为机器人偏左，应向右行走。具体流程图如图 6-32 所示。

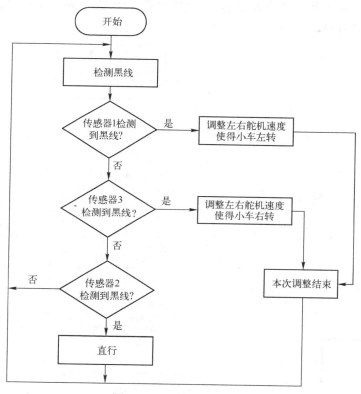

图 6-32 程序设计流程图

根据上面程序设计的流程图，小车直行纠偏主程序如下所示：

```
while (1)
  {
    if((S2)                    //S1 为左侧传感器，S2 为中间传感器，S3 为右侧传感器
         {
          Forward();           //小车向前走
         }
    if(S1)
         {
```

```
                    left();                         //小车左转走
                    Delay_ms(20);
                }
            if(S3)
                {
                right();                             //小车向右转走
                Delay_ms(20);
                }
            }
        }
```

6.5.2　左转调试

左转调试场地图如图 6-33 所示，小车直行过程中，判断是否出现传感器 1 和传感器 2 同时检测到黑线，如果是，则开始左转，直到传感器 2 或者传感器 3 检测到黑线，变回直行。图 6-34 为左转控制流程图。

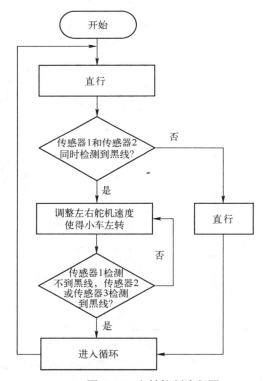

图 6-33　左转调试场地图　　　　　　　　　图 6-34　左转控制流程图

根据上面程序设计的流程图编写程序，小车左转主程序如下所示：

```
while (1)
    {
    if((S1&&！S2)
        {
        Forward();                      //小车向前走
        }
```

```
if(S1&&S2)
                    {
                    Turnleft();                    //小车左转走
                    Delay_ms(20);
                    }
        If((S2||S3)&&！S1)
                    {
                    {
                    Forward();                    //小车向前走
                    Delay_ms(20);
                    }
                    }
        }
```

6.5.3 右转调试

右转调试场地图如图 6-35 所示，小车直行过程中，判断是否出现传感器 2 和传感器 3 同时检测到黑线，如果是，则开始右转，直到传感器 1 或者传感器 2 检测到黑线，变回直行。图 6-36 为右转控制流程图。

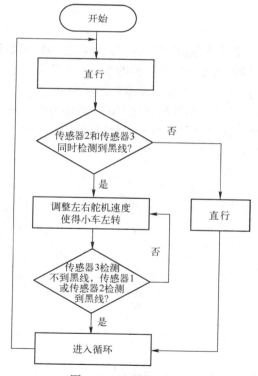

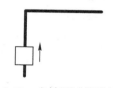

图 6-35 右转调试场地图

图 6-36 右转控制流程图

根据上面程序设计的流程图编写程序，小车右转主程序如下所示：

```
while (1)
    {
    if((S2&&！S3)
```

```
        {
        Forward();                      //小车向前走
        }
    if(S2&&S3)
        {
                Turnright();            //小车右转走
                Delay_ms(20);
        }
    if((S1||S2)&&S3)
        {
        {
        Forward();                      //小车向前走
        Delay_ms(20);
        }
        }
    }
```

如果小车要增加其他功能，只要添加相应功能的外设即可。比如实现避障功能，只要在小车上安装红外避障传感器，并编相关避障程序即可。

习题

1．STM32 输入/输出接口使用需要注意哪些问题？
2．I/O 口驱动电动机和舵机的区别在哪里？
3．如何使用单片机读取模拟传感器的值？
4．使用 STM32 单片机产生 PWM 波的方法有哪些？请说明使用方法。
5．思考如何设计并制作一款避障机器人。

第7章 仿人竞速机器人的设计与制作

在机器人的发展历程中，研制与人类外观特征类似，具有人类灵活性，并能适应外部环境的仿人机器人是机器人研究的一个重要分支。仿人机器人涉及仿生学、机械工程学和控制理论等多种学科，从实现两足步行到更多的动作细节研究，再到智能化大幅提升，仿人机器人研究领域取得了重大的进展。

本章首先从机械结构和控制电路两个方面介绍仿人竞速机器人的硬件设计，然后分析设计机器人的程序控制系统，并讨论仿人机器人的步态规划，最后介绍机器人的系统调试。

7.1 仿人竞速机器人概述

仿人竞速机器人是以人类为参照，可完成竞速运动的机器人，是多关节机器人研究领域较具代表性的研究对象，也是机器人学、机器人技术以及人工智能的研究热点。其研究主要集中于步态生成、动态稳定控制和机器人设计等方面。仿人机器人研究发展到今天，已经从 20 世纪的基础研究向 21 世纪的应用研究迈进，并呈现出多学科交叉态势。

1968 年，南斯拉夫机器人学者 Vukobratovic 等提出了零力矩点（Zero Moment Point，ZMP）的概念，并研究了基于 ZMP 的双足步行控制方法，为双足稳定地步行提供了重要理论基础。1971 年，早稻田大学加藤一郎教授成功研制出第一台仿人机器人，突破了最关键一步——双足步行。随后多国科研人员对仿人机器人越障和复杂运动控制等方面进行了深入研究。此外，值得关注的是波士顿动力公司于 2011 年，在液压四足仿生机器人基础上开发的液压驱动双足步行机器人 Petman，其行走过程显示出良好的柔性和抗外力干扰性，可完成上下台阶、俯卧撑等动作。2016 年发布的新版 Atlas 仿人机器人，如图 7-1a 所示，成为仿人行走机器人的里程碑。该机器人专为户外和室内应用设计，高约 1.75m，重约82kg，由电动机驱动和液压制动，通过头部的激光雷达和立体传感器实现避障、评估地形和辅助导航，可完全直立行走并穿越复杂地形，还可在摔倒后自行站起。

国内在仿人机器人方面也开展了大量工作。哈尔滨工业大学研制开发了 HIT（Harbin Institute of Technology）系列双足步行机器人和 GoRobot 系列仿人机器人。清华大学研制开发了 THBIP（Tsinghua Biped People）仿人机器人。国防科技大学研制开发了 KDW（Ke Da Walker）系列双足机器人和 Blackman 仿人机器人。北京理工大学研制的 BIT（Beijing

Institute of Technology）系列仿人机器人，高 1.58m，有 32 个自由度，行走速度为 1km/h，实现了太极拳表演、刀术表演、腾空行走等复杂动作。浙江大学等单位研制的"悟空"仿人机器人如图 7-1b 所示，实现了机器人与机器人，以及人与机器人对打乒乓球。

仿人竞速机器人是在仿人机器人的基础上，重点突出机器人的运动速度和稳定性等特性。本章重点讨论的仿人竞速机器人是模仿运动员在体育场上竞速跑。机器人从起点出发，在图 7-2 所示的环形赛道上，以双足直立行走方式快速行进一圈到达终点。仿人竞速机器人的结构是仿人的全身（包括四肢、躯干和头）来实现双足直立行走，因其结构复杂度较高，导致其动作调试与步态规划的难度也随之加大。

 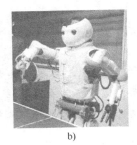

a)   b)

图 7-1 仿人机器人

a) Atlas   b) 悟空

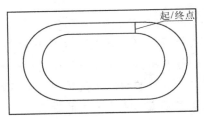

图 7-2 仿人竞速机器人竞速场地示意图

7.2 仿人竞速机器人的硬件设计

仿人竞速机器人属于类人型机器人，其特点是机器人的下肢以刚性构件通过转动副连接，模仿人类的腿及髋关节、膝关节和踝关节，并以执行装置代替肌肉，实现对身体的支承及连续的协调运动，各关节之间可以有一定角度的相对转动。要设计一个小型仿人竞速机器人，主要包括机械结构设计、控制电路设计和软件程序设计，本节重点讨论机械结构设计和控制电路设计。

7.2.1 机械结构设计

仿人竞速机器人的机械结构设计直接决定着其整体性能，机械结构设计主要包括机器人自由度的分配、驱动方式的选择、机器人实体结构的设计、机器人主体制作材料的选择和机器人整体装配的工艺性等。

1. 自由度分配

仿人竞速机器人的双腿是竞速机器人运动的关键，也是仿人机器人的核心部位。可通过分析人类步行运动来考虑仿人机器人腿部的自由度配置。当开始行走时，首先重心左移，右腿抬起前进一步落地；接着重心右移，左腿抬起前进一步落地，然后重复这个过程使机器人实现向前步行。

仿人竞速机器人的腿部结构应和人类腿部类似，理想的结构应具有髋关节、膝关节和踝关节，可用六自由度实现，如图 7-3a 所示，其中髋关节可以实现摆动腿的迈步，调节上身的前倾、后仰；膝关节能够改变摆动腿到地面的距离；踝关节可以与髋关节配合实现重心的移动以及调整足底与地面的接触状态。具有这三种关节的机器人，自由度多，灵活性高，但也会大大增加运动学及动力学分析的难度。考虑到仿人竞速机器人的行走过程只涉及向前步行、转弯纠偏和重心移动，其中向前步行和转弯纠偏可通过髋关节实现，而重心移动可通过踝关节和髋关节配合实现，所以，本章在设计和制作使在能够实现机器人行走功能的基础上，尽量减少自由度，对每条腿的髋关节和踝关节分别设置为 1 个 R 关节和 1 个 B 关节，即双腿共 4 个自由度，如图 7-3b 所示，大腿、小腿与膝盖间无自由度，仅用结构件连接起支承作用。

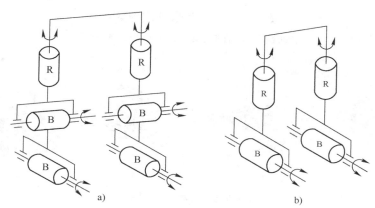

图 7-3　机器人自由度示意图

a) 六自由度　b) 四自由度

2. 结构设计

仿人竞速机器人的实体结构设计可仿照人体的结构，从手部结构设计、躯干结构设计和腿部结构设计三方面考虑，考虑到竞速机器人的任务需求，这里讨论机器人的躯干和腿部结构。对机器人的实体结构的设计，使用了 Solidworks 三维建模软件，进而可以将实体结构的 Solidworks 设计文件加工出实物，组装成机器人来调试。

（1）腿部结构设计

首先，参考图 7-3 所示的机器人自由度分配示意图，确定腿部结构的自由度；其次，根据驱动器的结构和尺寸，设计腿部所需结构件，包括脚底板、舵机支架和 U 形支架，如图 7-4 所示；最后，在 Solidworks 软件中将设计好的各个结构件和舵机进行装配，得到机器人脚部和腿部结构三维设计模型，分别如图 7-5a 和图 7-5b 所示。

（2）躯干部结构设计

首先，根据图 7-3 所示的机器人自由度分配，确定躯干部（主要为腰部）结构的自由度；其次，腿部结构设计模型的基础上，加装髋关节，所需结构件包括舵机支架、U 形支架，如图 7-5 所示；最后，在 Solidworks 软件中将设计好的各个结构件和舵机进行装配，得到机器人腰部以下结构的三维设计模型如图 7-5c 所示。

（3）整体结构设计

将上述的腰部装配体与图 7-4d 所示的横梁结构件装配，便得到了机器人的整体结构模型，如图 7-5d 所示。所设计的仿人机器人的结构由脚部、腿部和腰部构成，整个机器人共有 4 个自由度，包括腰部髋关节 2 个自由度，脚部踝关节 2 个自由度，腿部由 U 形支架连接支承。

图 7-4　机器人主要结构件模型图

a) 脚底板　b）舵机支架　c）U 形支架　d）横梁

图 7-5　机器人装配图

a) 脚部　b) 腿部　c) 腰部　d) 机器人整体结构

7.2.2　控制电路设计

仿人竞速机器人系统的电路主要由主控板、传感器、电源、驱动器等组成，如图 7-6 所示。

1．主控板

为了完成仿人竞速机器人的控制，主控板选用 STM32 单片机 mini 开发板，如图 7-7 所示。该主控板尺寸相对较小，对仿人机器人的行走重心影响小。主控芯片是 STM32F103ZET6，它是 STM32 系列中性价比较适中的一款芯片，采用了高性能的 32 位精简指令内核 ARM Cortex-M3，具有 128KB Flash，可以存储机器人步态规划时产生的数据，具有多个通用 I/O 口，能满足多路传感器和驱动器的接入。与传统的 ARM 芯片相比运算速度更快、集成度更高、对数据量的处理功能更强大，具有高性能、低功耗、低成本等特性，较适合用于小型仿人机器人的开发。

2．驱动器的选择

适合机器人关节驱动的方式主要有步进电动机、伺服电动机、舵机等。其中，步进电动机通过脉冲信号的数量控制电动机转角，但其控制为开环控制，不能保证电动机转到角度，即造成失步。伺服电动机是通过传感器实时反馈电动机运行参数的闭环控制电动机，运行参数包括电动机的角速度、加速度和位置，这使得其控制精度很高，多用于机床、工业机器人等高精度定位的领域；舵机是伺服电动机的简化版，它只能检测电动机的位置参数，可通过 PWM 信号控制电动机转角，在航模、船模和小型机器人等领域应用较为广泛。

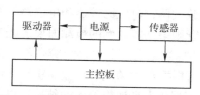

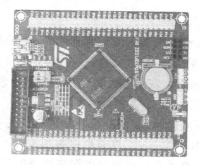

图 7-6　仿人竞速机器人电路系统示意图　　　　图 7-7　STM32 单片机 mini 开发板

本章设计仿人竞速机器人时，选用了 MG995 舵机作为关节驱动器，如图 7-8a 所示。此款舵机的齿轮为铜质结构，结实耐用，如图 7-8b 所示，其转角为 0～180°，速度为 0.14～0.17s/60°，工作电压为 4.8～7.2 V，转矩为 12kg/cm，可为竞速机器人行走提供较大功率。此款舵机有三根连接线，其中红色线连接电源正极，棕色线连接电源负极，橙色线连接控制信号。

a)　　　　　　　　　　b)

图 7-8　MG995 舵机及其内部结构

a) MG995 舵机　　b) MG995 舵机内部结构

3．电源模块

电源的性能直接决定着硬件电路工作的稳定性。控制芯片的工作电压为 2～3.6 V。舵机的工作电压为 4.8～7.2 V，再加上配置的 4 个舵机，若同时工作需要的负载电流较大，因此选择了额定电压为 7.4V、容量为 1500mA•h、持续放电倍率为 35C、瞬间放电倍率为 50C 的 2S 锂电池供电，如图 7-9a 所示。为了给舵机和单片机提供稳定的直流电压，选用 LM2596S DC-DC 稳压模块，如图 7-9b 所示，可实现稳定的 5V 电压转换。此模块输入电压范围为 3.2～35V，输出电压范围为 2.45～30V，输出电流可达 3A，电压转换效率高达 92%。

a)　　　　　　　　　　b)

图 7-9　电源模块

a) 2S 锂电池　　b) LM2596S DC-DC 稳压模块

4．传感器

仿人竞速机器人的传感器主要用于探测图 7-2 所示白色场地中黑色边界线，即黑白色的识别，所以选用型号为 SEN1595 的灰度传感器，如图 7-10 所示。该款传感器主要包含LED 发射管、灰度接收管（内含光敏电阻）、运算放大器、电压比较器和电位器等器件。其工作原理为 LED 发射管发射高亮光源，灰度接收管则根据接收到的检测面反射光差异来识别两种不同颜色的检测面。SEN1595 灰度传感器的探测距离（灰度接收管底部离地距离）推荐为 10～20mm，直流供电电压推荐 5V，另外可根据检测场地的色差和实际光线情况，通过电位器调节基准电压以保证传感器正常工作。根据仿人竞速机器人的结构，以及灰度传感器的识别距离，将灰度传感器安装于双脚的前端较利于地图边界线的采集。另外，当传感器采集到地图边界信息时，可以保证机器人能及时地纠偏，建议机器人的每只脚配置 2～3个灰度传感器，如图 7-11 所示。

图 7-10　灰度传感器

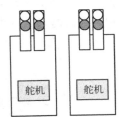

图 7-11　双脚传感器配置图

仿人竞速机器人控制电路的主要硬件及其主要参数确定后，可参考图 7-12 将各硬件相连组成机器人的控制系统，进行各模块的测试。

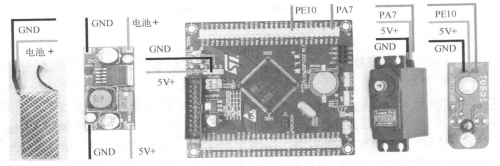

图 7-12　硬件线路连接示意图

7.3　仿人竞速机器人的程序控制设计

为了使仿人竞速机器人能够在程序控制下沿着地图引导线稳定行走，所设计的程序控制流程如图 7-13 所示，主要是通过主控板采集传感器信息来控制舵机转动，其中，机器人直行时，通过机器人双脚前端的灰度传感器来判断行走是否左偏或右偏；机器人的直行、左转纠偏和右转纠偏是通过程序控制舵机的旋转不同的角度实现。

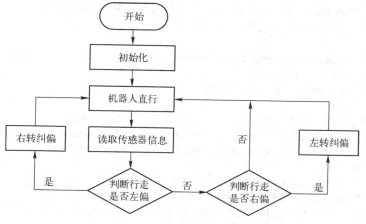

图 7-13　程序控制流程图

1. 传感器信息采集程序

利用机器人脚部前置的 4 个灰度传感器采集跑道信息，并实时发送至主控板，进而基于此数据可判断机器人的行进方向是否偏离跑道，最后根据具体左右偏离情况，实时转弯纠偏以保证机器人在跑道内正常行进。

这里给出一路传感器控制的参考程序，主要包括主控板 I/O 口 PE10 的初始化和读取传感器信号。

```
/*主控板 IO 口初始化*/
static void Sensor_GPIO_Config()
{
    GPIO_InitTypeDef GPIO_InitStructure;
    //开启 IO 口时钟
    RCC_APB2PeriphClockCmd(BASIC_GPIOE_CLK,ENABLE);
    //配置 IO 口模式
    GPIO_InitStructure.GPIO_Pin = GPIO_Pin_10;              //PE10
    GPIO_InitStructure.GPIO_Mode = GPIO_Mode_IPD;      //上下拉输入
    GPIO_InitStructure.GPIO_Spee = GPIO_Speed_50MHz;
    GPIO_Init(GPIOE,&GPIO_InitStructure);
}
/*读取传感器信号*/
#define SEN0 GPIO_ReadInputDataBit(GPIOE,GPIO_Pin_10);     //读取 PE10 输入值
```

2. 舵机控制程序

舵机可通过 PWM 调制来精确控制转角，其基本原理和控制方法可参考第 3 章相关内容。本章设计的仿人竞速机器人涉及 4 路舵机的控制，即需要 4 路 PWM 信号，可选用 TIM3 定时器生成 4 路 PWM 波，每路 PWM 控制一个舵机，每个定时器相互独立，输出的 PWM 不会相互影响。将这个定时器使能并设置 PWM 模式后，即可产生 4 路 PWM 输出控制舵机完成直行与转弯。

这里给出一个舵机控制的参考程序，主要包括主控板 I/O 口的初始化和定时器生成 PWM 信号。

```
/*利用定时器 TIM3_CH2 对应 IO 口 PA7 生成 PWM 信号的初始化程序*/
void TIM3_CH2_PWM_Init(u16 period,u16 prescaler)
{
    TIM_TimeBaseInitTypeDef TIM_TimeBaseInitStructure;
    TIM_OCInitTypeDef TIM_OCInitStructure;
    GPIO_InitTypeDef GPIO_InitStructure;
    //开启时钟
    RCC_APB2PeriphClockCmd(RCC_APB2Periph_GPIOA,ENABLE);
    RCC_APB1PeriphClockCmd(RCC_APB1Periph_TIM3,ENABLE);
    RCC_APB2PeriphClockCmd(RCC_APB2Periph_AFIO,ENABLE);
    //配置 IO 口
    GPIO_InitStructure.GPIO_Pin = GPIO_Pin_7;
    GPIO_InitStructure.GPIO_Speed = GPIO_Speed_50MHz;
    GPIO_InitStructure.GPIO_Mode = GPIO_Mode_AF_PP;//复用推挽输出
    GPIO_Init(GPIOA,&GPIO_InitStructure);
    //改变 IO 口映射,TIM3_CH2-> PA7
    GPIO_PinRemapConfig(GPIO_PartialRemap_TIM3,ENABLE);
    //自动重装载值
    TIM_TimeBaseInitStructure.TIM_Period = period;
    //时钟预分频数
    TIM_TimeBaseInitStructure.TIM_Prescaler = prescaler;
    //时钟分频因子
    TIM_TimeBaseInitStructure.TIM_ClockDivision = TIM_CKD_DIV1;
    //设置向上计数模式
    TIM_TimeBaseInitStructure.TIM_CounterMode = TIM_CounterMode_Up;
    //初始化结构体
    TIM_TimeBaseInit(TIM3,&TIM_TimeBaseInitStructure);
    //定时器输出比较结构初始化
    TIM_OCInitStructure.TIM_OCMode = TIM_OCMode_PWM1;
    // 输出通道电平极性配置
    TIM_OCInitStructure.TIM_OCPolarity = TIM_OCPolarity_Low;
    // 输出使能
    TIM_OCInitStructure.TIM_OutputState = TIM_OutputState_Enable;
    //初始化结构体
    TIM_OC2Init(TIM3,&TIM_OCInitStructure);
    //使能 TIMx 在 CCR2 上的预装载寄存器
    TIM_OC2PreloadConfig(TIM3,TIM_OCPreload_Enable);
    //使能定时器
    TIM_Cmd(TIM3,ENABLE);
    TIM_CtrlPWMOutputs(TIM3, ENABLE);
}
*舵机角度控制*/
void SERVO_Angle_Control(uint16_t Compare2)
{
    TIM_SetCompare2(TIM3,Compare2);
}
```

7.4 仿人竞速机器人的步态规划

仿人机器人的步态规划是双足机器人的研究重点之一，其主要研究步行运动中各个关节的轨迹变化，并通过合理规划机器人的步态来保证运动的稳定性。仿人机器人的稳定行走是其步行的核心问题，即行进中无倾倒和侧翻等情况。合理的步态规划对机器人行走的稳定性及美观性起着至关重要的作用。

7.4.1　步态规划的方法

步行是仿人机器人的基本能力，而步态规划是实现机器人稳定步行的基础。目前步态规划的方法主要有基于模型的规划方法、基于仿生学原理的模仿法、神经网络规划和基于约束的规划方法。

1．基于模型的规划方法

基于模型的规划方法是借鉴物理模型对机器人进行简化，通过分析物理模型的运动状态，为机器人的行走提供依据，从而实现机器人的步态规划，目前比较成功的物理模型有桌子-小车模型、质量弹簧模型、被动行走模型和倒立摆模型等。Shuji Kajita 等人使用三维倒立摆模型对机器人 HRP-2L 进行步态规划，并使其行走成功。

2．基于人体行走数据的模仿法

基于人体行走数据的模仿法是指利用仪器采集人类行走的数据，将这些数据进行优化修正后运用到机器人的行走中，ASIMO 就是在分析了人类步行的基础上研制的。但是机器人的驱动结构与真正的人类结构还有很大差距，采集的人类运动数据必须经过复杂的数据处理才能应用到机器人上，这就制约了仿生学模仿法的发展，但这个方法将会成为仿人机器人运动规划的一个发展方向。神经网络规划可用于姿态控制和步态合成，首先要对各步行周期内的关节轨迹、力矩进行采样，然后将这些样本作为输入值，通过神经网络处理得到输出值。Zheng 研制的 SD-2 使用神经网络规划实现了动态步行及斜坡行走，这种规划方法可以取代繁杂的动力学模型，但是目前的神经网络模型非常臃肿，需要针对不同的步态规划进行训练，并且学习样本的收敛性问题还需要进一步解决，将其应用到机器人的步态规划还需要更进一步的研究。

3．基于约束的规划方法

基于约束的规划方法一般是从机器人的稳定性约束和能量约束来规划机器人的步态。能量约束是在步态稳定的条件下，规划出能耗最小的步态。稳定性约束主要是研究学者们提出的各种稳定判据，如：ZMP 判据、中心压力判据（Central of Pressure，CoP）以及脚板转动指示法（Foot Rotation Indicator，FRI），其中 ZMP 判据应用最广泛。零力矩点定义机器人在行走时 ZMP 始终在其脚掌与地面接触的支承多边形内，这样给定的步态是动态可行的。基于 ZMP 稳定约束的步态规划有两种：一种是先设计出机器人各个关节的运动轨迹，然后求解 ZMP，改变参数的范围，将稳定裕度最大的运动轨迹作为规划结果。另一种是先设计一条理想的 ZMP 轨迹，然后求解符合理想 ZMP 轨迹的各关节运动轨迹。

7.4.2　步态规划的方式

仿人机器人的步态规划分为离线步态规划、离线规划-在线调整和完全在线步态规划三种方式。

1．离线规划法

离线规划法是将机器人的运动轨迹提前规划好，得到整个步行过程中各个关节的运动轨迹，然后将这些数据按照顺序送到关节的驱动器件，使各关节按照期望的轨迹运动。常用的离线步态规划方法有几何约束法、自然步态法、遗传算法和模糊逻辑规划法等，最常用且实用的是几何约束法：首先规划好关键关节的运动轨迹，然后求解约束方程得到每个关节的运动轨迹，根据已知的参数和轨迹计算得到 ZMP，通过限制踝关节和髋关节的运动轨迹使 ZMP 始终落在稳定区域内。离线规划法无法根据外界环境的变化调整步态，适应能力差，但对规划而言简单可靠。

2．离线规划–在线调整

离线规划–在线调整是先离线规划出机器人的运动轨迹，然后在实际的步行过程中调整部分关节的运动轨迹，提高机器人步行的稳定性。这种方法一般需要传感器来获取周围的环境信息，具有一定的灵活性和环境适应能力。

3．完全在线规划

完全在线规划不需要离线规划，所获取的周围环境信息完全来自传感器，适应环境的能力极强，但是求解复杂的运动学方程和动力力学方程对于控制系统来说负担很大，由于配置了各种类型的传感器，信息处理复杂，目前实现起来非常困难。

7.4.3 步态稳定性分析

本节从 ZMP 的概念、ZMP 的计算等方面，介绍利用 ZMP 进行步态稳定性分析的方法。

1．ZMP 的概念

双足机器人的零力矩点（ZMP）主要有两种表述方式，如图 7-14 所示。

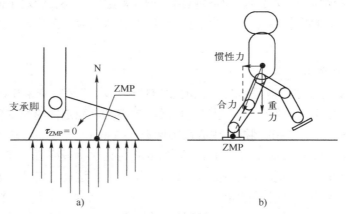

图 7-14 ZMP 的两种表述方式

ZMP 的第一种表述是指满足地面反作用力的合力矩对 x 轴、y 轴分量为零的那一点，如图 7-14a 所示。若 $\tau_{\text{ZMP}} = [\tau_x, \tau_y, \tau_z,]^{\text{T}}$ 表示由地面反力产生的绕 ZMP 的合力矩，则满足 $\tau_x = 0$，$\tau_y = 0$。该描述方法从双足机器人支承脚所受的地面作用力分析机器人实际步行的稳定性，它适用于仿人机器人实物样机的实际步行控制，需要在脚底安装压力传感器检测脚掌的受力分布，然后基于传感器反馈的受力，计算实际 ZMP。

ZMP 的第二种表述是指仿人机器人所受的重力和惯性力的合力延长线与支承地面的交点，在该点地面反作用力的合力矩沿水平面内的两个垂直方向的分量为零，如图 7-14b 所示。它根据规划步态或实际步行中双足机器人各连杆质心的速度、加速度，或者各关节的角速度和角加速度计算出 ZMP，因此，常用于判断规划步态的稳定性和根据各连杆状态判断仿人机器人实际步行的稳定性，适合仿人机器人步行的仿真研究。

2. ZMP 稳定判据

通常将双足机器人在行走的过程中 ZMP 点落在稳定区域中的位置来衡量其稳定性。机器人在步行过程中，左右脚交替接触地面，就会出现双脚支承和单脚支承两种情况，双脚支承时的稳定区域为多边形 ABCDEF，如图 7-15a 所示，单脚支承时的稳定区域为多边形 MNPQ，如图 7-15b 所示。步态规划就是选取合适的运动参数如步长、步速等，使机器人的 ZMP 点始终落在稳定区域内，ZMP 越靠近支承面的中心区域，即 ZMP 与正面边界之间的最小距离越大，机器人运动时就越稳定，这个最小距离称为稳定裕度，如图 7-17 所示，可以用来衡量机器人运动时的稳定程度。

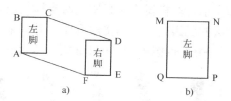

图 7-15　脚部支承示意图

a) 双脚支承　b) 单脚支承

3. 静态步行和动态步行

仿人机器人的行走方式包括静态步行和动态步行。静态步行是指在机器人行走过程中的任一时刻，机器人均处在静态平衡的状态，重心在地面上的投影始终处在支承面内，如图 7-16a 所示。在静态行走过程中，机器人各个结构的速度和加速度都较小，并且脚掌着地时与地面不发生碰撞，速度可看作零。这样的行走能量消耗很小，且不需要考虑行走过程中惯性力的影响，稳定性也比较容易控制。与静态步行相比，动态步行是一种高速的步行方式，机器人处于动平衡状态。在步行过程中，由于惯性力的作用，机器人的重心不会一直落到支承面内，如图 7-16b 所示，但只要保证 ZMP 点始终落在支承面内，机器人就能实现稳定的动态步行。

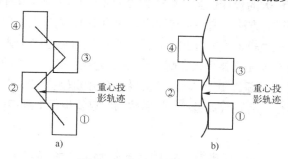

图 7-16　行走重心轨迹图

a) 静态行走重心轨迹图　b) 动态行走重心轨迹图

注：数字代表步行时，脚掌着地顺序。

静态步行的稳定性可以采用机器人重心（COG）作为其稳定性判据。在机器人行走过程中，左右脚在地面的相互交替支承，形成了一个不断移动变化的支承面。只要保证机器人重心的投影一直保持在这个支承面内，就能够满足其静态稳定性。在行进速度比较低的情况下，满足静态稳定性就能够让机器人实现稳定行走，但当提高双足机器人的行走速度时，机器人的行走运动就会受到惯性力的影响，此时就不能采用重心投影的方式来判定行走的稳定性，因为重心并不总是落在支承面内。在这种情况下，一般采用 ZMP 法则作为稳定性判定依据。

7.4.4　步行周期与轨迹规划

仿人机器人的步行周期以及各个阶段不同关节轨迹的规划直接影响着步行的稳定性。下面对仿人机器人拟人步行周期的划分，以及踝关节和髋关节轨迹的求解做理论介绍。

1．步行周期

仿人机器人的步行姿态与周期是拟人步行，人类的步行是一种周期现象，如图 7-17 所示，所以仿人机器人的行走过程，跟人类步行类似会出现两个阶段交替出现：双足支承阶段和单脚正常阶段，其中双脚支承阶段机器人两只脚同时支撑起双足机器人整体，双足都与地面接触，这一过程于前进脚板的脚跟处与地面接触开始，并结束于后脚板脚趾处离开地面；而单腿支承阶段是只有一只脚与地面接触，另一只脚从身体后方摆动到身前的过程。

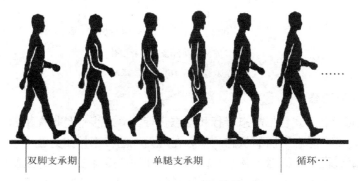

图 7-17　人类步行周期示意图

虽然关于机器人步态规划的许多研究表明，双足支承期变为瞬态会导致机器人髋关节移动过快，不容易保持稳定。但由于双足支承期会减慢机器人总体的步行速度，而根据本章研究的竞速机器人高度低、脚板大的设计优势，最终假设双足支承阶段为瞬时状态，选用瞬时双足支承即保持脚板与地面平行的方法，增快步行速度。如图 7-18 为仿人机器人的步行周期。起步姿态是右腿踝关节旋转，先使机器人右腿抬起，重心偏移，以免直接抬腿造成重心不平衡导致机器人倾覆。步行 1 动作姿态是直接迈出左腿。步行 2 为收左腿，并左腿踝关节外旋，为迈右腿做好准备。步行 3 为迈出右腿。步行 4 收右腿。结束动作双足机器人双腿直立，一个步行循环结束。若需要不间断步行，则只需要起步动作后按顺序重复步行 1 到步行 4 机器人即可实现。

2．轨迹规划

仿人机器人的轨迹规划是在机器人运动学的基础上，研究讨论机器人数学模型在关节空间，以及笛卡尔空间坐标系中机器人的轨迹规划方法。步行轨迹就是仿人机器人在步行状态时各个腿部关节的位移、速度以及加速度随时间变化的对应表示。而轨迹规划就是根基于竞速机器人对于步行动作要求与步行周期，通过运算来表示与设计迈步策略，只有机器人关节部位按照预计的运动轨迹进行运动，才能保证步行的稳定性。

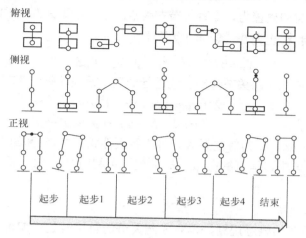

图 7-18　仿人机器人步行周期示意图

机器人的正常步行阶段分为单足支承期和双足支承期，如图 7-19 所示，这两个时期踝关节的运动情况不同。双足支承期，机器人的双足与地面接触，踝关节保持相对静止，已知髋关节的位姿即可通过逆运动学解得各关节的位姿。首先来讨论摆动脚踝关节在单脚支承期的运动轨迹。

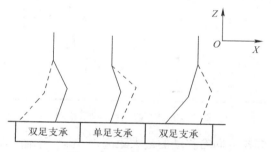

图 7-19　步行过程示意图

与机器人运动姿态相关的参数称为步态参数，为了便于关节轨迹规划，对涉及的步态参数予以说明。步长 S 为摆动腿在一个周期内前进的距离。步高 H 为摆动腿在一个周期内垂直方向上的最高点到地面的距离。周期 T 为摆动腿前进一步所需时间（包括单脚支撑期 T_d 和双脚支撑期 T_s）。髋高 K 为行走过程中髋关节的高度。髋位移 Y 为髋关节侧向移动的最大距离。

（1）踝关节轨迹

设摆动脚踝关节在侧向平面内不左右移动，因此踝关节在 Y 方向的位置保持不变。将摆动腿踝关节的起点，最高点和终点设为 (X_1, Z_1, t_1)，(X_2, Z_2, t_2)，(X_3, Z_3, t_3)。可以得到踝关节运动轨迹的边界条件

$$\begin{cases} X_1 = kS \\ X_2 = kS + S/2 \\ X_3 = (k+1)S \end{cases} \quad \begin{cases} Z_1 = kS \\ Z_2 = 0 \\ Z_3 = H \end{cases} \quad \begin{cases} t_1 = kT \\ t_2 = kT + T_d/2 \\ t_3 = kT + t_d \end{cases} \quad (7-1)$$

踝关节在起点时，X 轴和 Z 轴方向上的速度 $\dot{X}_1$ 和 $\dot{Z}_1$ 都为 0，X 轴方向上的加速度 $\ddot{X}_1$ 也为 0；在最高点时，Z 轴方向上的速度 $\dot{Z}_2$ 为 0；为了保证踝关节周期之间运动的连续性，减小摆动腿与地面接触时的碰撞力，令踝关节在终点时 X 轴和 Z 轴方向上的速度 $\dot{X}_3$ 和 $\dot{Z}_3$ 为 0，且 X 方向的加速度 $\ddot{X}_3$ 也为 0，得到约束条件

$$\dot{X}_1 = 0, \ddot{X}_1 = 0, \dot{X}_3 = 0, \ddot{X}_3 = 0, \dot{Z}_1 = 0, \dot{Z}_2 = 0, \dot{Z}_3 = 0 \tag{7-2}$$

利用多项式插值方法对踝关节运动轨迹进行规划，设摆动脚踝关节的运动轨迹为

$$X(t) = a_0 + a_1 t + a_2 t^2 + a_3 t^3 + a_4 t^4 + a_5 t^5 + a_6 t^6 \tag{7-3}$$

$$Z(t) = b_0 + b_1 t + b_2 t^2 + b_3 t^3 + b_4 t^4 + b_5 t^5 \tag{7-4}$$

式中，t 为时间变量；a_i、b_i 为待定系数。将边界条件式（7-1）和约束条件式（7-2）代入式（7-3）和式（7-4）中，即可解得 a_i、b_i 的值，再利用式（7-3）和式（7-4），可得到踝关节的运动轨迹。

（2）髋关节轨迹规划

前面完成了踝关节的轨迹规划，再完成髋关节的轨迹规划，就可以通过逆运动学求解各关节的角度。在步行过程中，屈膝降低机器人的重心可以提高步行的稳定性，设机器人行走过程中髋关节的高度为 K，K 保持不变，因此髋关节在 Z 方向的位置保持不变。将方向上机器人的运动视为匀速运动，速度与躯干前进速度相等，可表示为 $\dot{X}(t) = v(t)$，其中 $v(t)$ 是机器人的前进速度。侧向步行过程如图 7-20 所示。

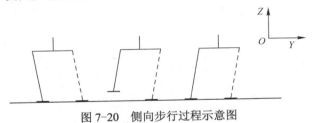

图 7-20　侧向步行过程示意图

设髋关节在 Y 轴上向左、向右移动的最大距离为 Y_{left}、Y_{right}，且 $Y_{\text{left}} = Y_{\text{right}}$。在一个步行周期内，髋关节从 Y_{right} 移到 Y_{left}（或者从 Y_{left} 移到 Y_{right}）。现对左髋关节的轨迹进行规划，定义在步行周期开始时刻，髋关节在 Y 轴上的位置为 Y_{right}；在单脚支承结束时刻，髋关节在 Y 轴上的位置为 0；在周期结束时刻，髋关节在 Y 轴上的位置为 Y_{left}，可得

$$\begin{cases} Y(kT) = Y_{\text{right}} \\ Y(kT + T_{\text{d}}) = 0 \\ Y(kT + T) = Y_{\text{left}} \end{cases} \tag{7-5}$$

考虑到机器人步行的连续性和稳定性，髋关节在周期开始和结束时刻 Y 方向的速度 $\dot{Y}$ 为 0，可得

$$\begin{cases} \dot{Y}(kT) = Y_{\text{right}} \\ \dot{Y}(kT + T) = Y_{\text{left}} \end{cases} \tag{7-6}$$

根据以上约束条件，使用多项式插值规划髋关节的轨迹为

$$Y(t)=c_0+c_1t+c_2t^2+c_3t^3+c_4t^4 \tag{7-7}$$

将式（7-5）和式（7-6）代入式（7-7）求得 c_i 的值，进而利用式（7-7）可求得髋关节在 Y 轴上的运动轨迹。

7.5　系统整体调试

在系统整体调试前，需先优化设计的结构，并将硬件组装成机器人，再下载程序至主控板调试机器人。

1. 结构优化与装配

机器人的软硬件设计完成后，本节参考图 7-4 所示结构件模型，经优化修改后结构件实物如图 7-21 所示，其中脚底板和横梁修改较大。脚底板将其前端放置灰度传感器发射管与接收管的矩形区域修改为简单的圆孔镂空结构，如图 7-21a 所示。因脚底板的原设计使得传感器发现机器人行走偏离赛道时有些晚，导致纠偏失败率较高，所以，将传感器安装位置前移至脚底板最前端，将发现偏离赛道的时间提前，可提高纠偏成功率。横梁修改为前后两侧加高设计，而左右两侧直接打通，如图 7-21b 所示，这样便于在横梁凹槽中放置锂电池，在横梁的前后两侧固定主控板和稳压模块等硬件。

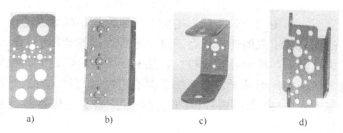

a) b) c) d)

图 7-21　仿人竞速机器人结构件实物图

a) 脚底板　b) 横梁　c) U 形支架　d) 舵机支架

在整体调试机器人前可按照脚部、腿部、腰部，从下往上的顺序，将机器人整体组装完成，如图 7-22 所示。

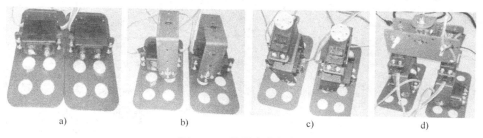

a) b) c) d)

图 7-22　机器人的组装

a) 脚部的组装　b) 腿部的组装　c) 腰部的组装　d) 机器人整体组装

机器人的脚部、腿部和腰部都组装完成后，下面安装其他电子器件。首先，将锂电池安装在横梁中，稳压模块和开关安装在横梁背侧，如图 7-23a 所示；然后在横梁的前侧安装主控板，在左右脚的前侧各安装 2 个灰度传感器，如图 7-23b 所示；最后，参考图 7-12 中各硬件模块的连接示意图，根据程序中 I/O 口的设置，将舵机、传感器、电池、稳压模块和主控板之间的连线，进行连接。

a)   b)

图 7-23　主控板、电源和传感器组装

2. 舵机控制

仿人竞速机器人整体调试的关键在于精确控制各个关节舵机的转角以实现稳定行走。目前调试舵机有两种方式。方式一，利用 Keil MDK 或 IAR 等开发工具，通过控制单片机 I/O 口的 PWM 脉冲信号，实现对舵机转角的控制。方式二，利用与舵机控制板配套的上位机，通过图形交互界面，如图 7-24 所示，需简单的鼠标拖动或数组输入，即可实现舵机转角的控制，而且还能把调整出来的动作保存下来，形成连贯的动作组，再通过下载器烧录至舵机控制板实现舵机控制。两种途径相比较，显然利用上位机的方式，较容易实现舵机的控制，更适合初学者入门使用，但从学习和系统掌握舵机控制而言，方式一则更具优势。本节采用方式一，选用基于 STM32 系列单片机的主控板并配合灰度传感器，采用 Keil MDK 开发工具来编程控制机器人。

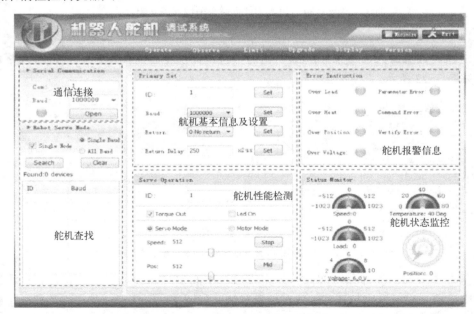

图 7-24　舵机上位机操作界面

仿人竞速机器人系统的软件控制主要在于对舵机的控制与灰度传感器数据的采集。软件调试分为静态调试和动态调试。静态调试主要完成主控板对单个舵机和灰度传感器的控制调试，此阶段的调试目的是为系统后续的动态调试打基础。动态调试是将各模块拼装完成后，分解实现机器人的动作，最后组合各分解动作实现前进，并通过传感器判别机器人行进路线是否偏离赛道，进而决定是否左转纠偏、右转纠偏以保证机器人能保持在赛道内前行。

仿人竞速机器人主要通过直线行走以及直走纠偏，来保证机器人在地图边界线内走至终点线，所以其系统软件调试主要也从这两方面进行。

3．直线行走

双足机器人的直线行走，从左腿和右腿髋部舵机分别顺时针旋转 20°，即左脚在前、右脚在后的动作开始，如图 7-25 所示，通过以下 6 个基本动作并重复循环即可实现：

1）机器人左脚的舵机顺时针旋转 20°，使右脚抬起，身体重心落于左脚，如图 7-26a 所示。

2）机器人左脚单脚站立，左腿和右腿髋部舵机都逆时针旋转40°，使右脚悬空迈步，机器人重心依然落于左脚，如图 7-26b 所示。

3）机器人左脚舵机逆时针旋转 20°，使右脚迈步落地，如图 7-26c 所示。

图 7-25　直线行走动作

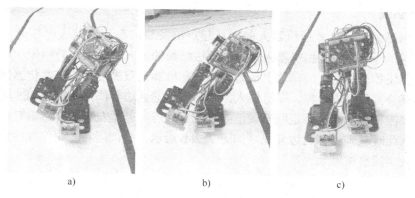

a)　　　　　　　　　　b)　　　　　　　　　　c)

图 7-26　右脚迈步行走

a) 右脚抬起　b) 右脚悬空迈步　c) 右脚迈步落地

4）机器人右脚舵机逆时针旋转20°，使左脚抬起，重心落于右脚，如图 7-27a 所示。

5）右脚单脚站立，左腿和右腿髋部舵机都顺时针旋转 40°，使左脚悬空迈步，重心依然落于右脚，如图 7-27b 所示。

6）右脚舵机顺时针旋转20°，使左脚迈步落地，即恢复至起始动作，如图 7-25 所示。

执行完上述 6 个步骤后，机器人又恢复到"左脚在前，右脚在后"的起始动作，所以，将上述 6 个基本动作重复依次执行，即可实现机器人左右脚交替迈步行走。另外，上述 6 个基本动作都是基于舵机顺时针或逆时针旋转 20° 来实现的，这里的 20° 是图 7-21 所示的机器人实际测试的角度，大于 20° 易导致机器人重心不稳，小于 20° 使得机器人步行幅度较小影响移动速度。

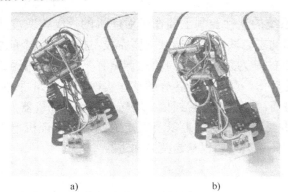

图 7-27 左脚迈步行走

a) 左脚抬起 b) 左脚悬空迈步

在实际调试过程中，为实现不同效果的行走，可根据动作需求在 6 个基本动作中添加新动作，比如为缓解机器人行走过程因重心不稳而产生的机身晃动，可改为走 2 步然后双脚并拢，具体程序中执行完一遍 1）至 6）后，通过左腿和右腿髋部舵机都逆时针旋转 20°，使机器人双脚并拢，再从"左脚在前，右脚在后"的起始动作重复执行 1）至 6）继续前进。再比如提高机器人行走速度时，其行走时因惯性导致的左右晃动的程度变严重，可适当延长 1）和 4）此类重心变化，2）和 5）此类舵机转角变化较大的动作的过渡时间。

4. 巡线纠偏

巡线纠偏是为了保证竞速机器人能够从起点出发后，在环形跑道内行走至终点，避免中途跑出赛道。巡线纠偏根据机器人偏离其行进路线的方向可分为左转纠偏和右转纠偏。巡线纠偏的首要任务是发现走偏，这主要通过装置在机器人双脚前端的灰度传感器识别，若右脚的传感器有检测到赛道边界，即机器人此时右脚已踏到边界线，如图 7-28a 所示，则调用左转纠偏程序控制机器人左转走回赛道继续直走。同理，若是左脚的传感器有检测到赛道边界，即机器人此时左脚已踏到边界线，如图 7-28b 所示，则调用右转纠偏程序控制机器人向右转使机器人走回赛道继续直走。

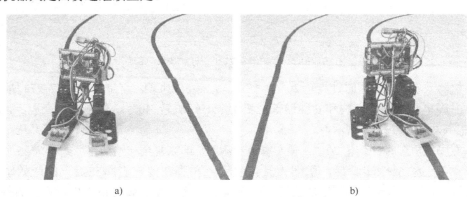

图 7-28 机器人巡线图

a) 右偏 b) 左偏

左转纠偏和右转纠偏是通过控制机器人左腿舵机与右腿舵机的旋转角度来实现的。若左转纠偏，即直线行走时降低左腿舵机的旋转角度或提高右腿舵机旋转角度，使得左腿的迈步幅度小于右腿迈步幅度来实现小幅左转前进。此外，还可以通过控制机器人左腿舵机与右腿舵机的旋转速度实现，比如左转纠偏，即直线行走时降低左腿舵机的旋转速度或提高右腿舵机的旋转速度，使得的左腿的迈步速度小于右腿的迈步速度来实现小幅左转前进。对比上述两种纠偏方法，控制舵机转角更常用些，因舵机的主要优势就在于其可控的精准转角。至于控制舵机速度，可以尝试通过控制舵机缓慢递增至目标转角的方式实现。

在上述左右纠偏原理的指导下，可通过改变直线行走的迈步幅度实现，即舵机旋转角度，具体操作为：

1）左转纠偏，增加右腿迈步幅度，减小左腿舵机转角，即减小上述直行 6 个基本动作第 5 个动作的左脚向前迈步幅度，减小左腿髋部舵机转角实现。

2）右转纠偏，增加左腿迈步幅度，减小右腿舵机转角，即减小上述直行 6 个基本动作第 2 个动作的右脚向前迈步幅度，减小右腿髋部舵机转角实现。

习题

1．若将仿人竞速机器人的腿部设计成与人类腿部类似的结构，则机器人腿部理想的结构应具有哪些关节？

2．仿人机器人的关节驱动方式有哪些？其各自优缺点是什么？

3．简述灰度传感器的组成和工作原理。

4．舵机的连接线有几根，分别连接哪里？

5．目前步态规划的方法主要有哪些？

6．简述双足机器人的零力矩点的概念。

7．简述舵机调试的方式及其特点。

8．简述仿人机器人的步行周期。

参 考 文 献

[1] 张洋，刘军，等. 原子教你玩 STM32：库函数版[M]. 北京：北京航空航天大学出版社，2015.

[2] 彭刚，秦志强，等. 基于 ARM Cortex-M3 的 STM32 系列嵌入式微控制器应用实践[M].北京：电子工业出版社，2011.

[3] 陈万米. 机器人控制技术[M]. 北京：机械工业出版社，2017.

[4] 刘金琨. 机器人控制系统的设计与 MATLAB 仿真[M]. 北京：清华大学出版社，2010.

[5] 吕克·若兰. 移动机器人原理与设计[M]. 王世伟，谢广明，译. 北京：机械工业出版社，2021.

[6] 吴建平，彭颖. 传感器原理与应用[M]. 北京：机械工业出版社，2021.

[7] 陈书旺，宋立军. 传感器原理及应用电路设计[M]. 北京：北京邮电大学出版社，2015.

[8] 张策. 机械原理与机械设计基础[M]. 北京：机械工业出版社，2018.

[9] 成大先. 机械设计手册[M]. 北京：化学工业出版社，2017.

[10] 魏君. 基于 ARM 小型双足机器人的设计与研究 [D]. 石家庄：石家庄铁道大学，2016.

[11] 罗庆生，陈胤霏，等. 仿人机器人的机械结构设计与控制系统构建[J]. 计算机测量与控制，2019，27（8）：89-93.

[12] 赵南琪. 竞赛用双足机器人整机设计与步态规划仿真[D]. 赣州：江西理工大学，2017.

[13] 于正坤. 智能双足机器人设计与控制系统构建[D]. 烟台：烟台大学，2014.

[14] 倪笑宇，马晨园，等. 一种仿人直立行走机器人的结构设计研究[J]. 微特电机，2019，47（4）：80-83.

[15] 赵罘，杨晓晋，等. SolidWorks 2016 中文版机械设计从入门到精通[M]. 北京：人民邮电出版社，2016.